Bohner
Ott
Deusch

Mathematik für
berufliche Gymnasien
Lineare Algebra
Vektorgeometrie

Bohner
Ott
Deusch

Mathematik für berufliche Gymnasien

Lineare Algebra

Vektorgeometrie

Merkur
Verlag Rinteln

Wirtschaftswissenschaftliche Bücherei für Schule und Praxis
Begründet von Handelsschul-Direktor Dipl.-Hdl. Friedrich Hutkap †

Die Verfasser:

Roland Ott
Studium der Mathematik an der Universität Tübingen

Kurt Bohner
Lehrauftrag Mathematik am BSW Wangen
Studium der Mathematik und Physik an der Universität Konstanz

Ronald Deusch
Lehrauftrag Mathematik am BSZ Bietigheim-Bissingen
Studium der Mathematik an der Universität Tübingen

Umschlag: © frhuynh – Fotolia.com, kleines Bild oben: © Picture-Factory – Fotolia.com,
          kleines Bild unten: Africa Studio – Fotolia.com
Download-Icon: Stoyan Haytov – Fotolia.com

* * * * * * * * * *

1. Auflage 2016
© 2016 by MERKUR VERLAG RINTELN
Gesamtherstellung:
MERKUR VERLAG RINTELN Hutkap GmbH & Co. KG, 31735 Rinteln
E-Mail: info@merkur-verlag.de
        lehrer-service@merkur-verlag.de
Internet: www.merkur-verlag.de
ISBN 978-3-8120-**0638**-5

Vorwort

Vorbemerkungen

Der vorliegende Band „Mathematik für berufliche Gymnasien – **Lineare Algebra Vektorgeometrie**" ist ein Lehr- und Arbeitsbuch für alle beruflichen Gymnasien in Baden-Württemberg. Das Lehrbuch richtet sich exakt nach dem neuen Bildungsplan für die gymnasiale Oberstufe, Mathematik, in Baden-Württemberg vom Juni 2014.

Dabei berücksichtigt das Autorenteam sowohl die im Lehrplan geforderten inhalts- als auch die prozessbezogenen Kompetenzen (modellieren, Werkzeuge und mathematische Darstellungen nutzen, kommunizieren, innermathematische Probleme lösen, Umgang mit formalen und symbolischen Elementen, argumentieren).

Von den Autoren wurde bewusst darauf geachtet, dass die im Bildungsplan aufgeführten Kompetenzen und Zielformulierungen inhaltlich vollständig und umfassend thematisiert werden. Dabei bleibt den Lehrkräften genügend didaktischer Freiraum, eigene Schwerpunkte zu setzen.

Hinweise und Anregungen, die zur Verbesserung beitragen, werden dankbar aufgegriffen.

Eine sinnvolle Ergänzung ist das Buch „**Mathematik für berufliche Gymnasien – Abitur**" (ISBN 978-3-8120-0464-0) mit Aufgaben für das Abitur in neuer Form. Das Buch wird jährlich aktualisiert.

Begleitend wird ein **Arbeitsheft** (ISBN 978-3-8120-1638-4) angeboten. Es soll Schüler und Lehrer in ihrer Arbeit durch Aufgaben zur Wiederholung und Vertiefung unterstützen.

Die Verfasser

Der Aufbau dieses Buches

Der Stoff in den einzelnen Kapiteln wird schrittweise anhand von Musterbeispielen mit ausführlichen Lösungen erarbeitet. Dabei legen die Autoren großen Wert auf die Verknüpfung von Anschaulichkeit und sachgerechter mathematischer Darstellung. Die übersichtliche Präsentation und die methodische Aufarbeitung beeinflusst den Lernerfolg positiv und bietet dem Schüler die Möglichkeit, Unterrichtsinhalte selbstständig zu erschließen bzw. sich anzueignen.

Beispiel

Bestimmen Sie einen Vektor, der senkrecht auf $\vec{a} = \begin{pmatrix} 5 \\ -1 \\ -7 \end{pmatrix}$ und senkrecht auf $\vec{b} = \begin{pmatrix} -4 \\ -2 \\ 2 \end{pmatrix}$ steht.

Lösung

Der Vektor $\vec{a} \times \vec{b}$ steht senkrecht auf $\vec{a}$ und auf $\vec{b}$.

$$\vec{a} \times \vec{b} = \begin{pmatrix} -1 \cdot 2 - (-7) \cdot (-2) \\ -7 \cdot (-4) - 5 \cdot 2 \\ 5 \cdot (-2) - (-1) \cdot (-4) \end{pmatrix} = \begin{pmatrix} -16 \\ 18 \\ -14 \end{pmatrix}$$

Der Vektor $\vec{n} = \begin{pmatrix} -16 \\ 18 \\ -14 \end{pmatrix}$ steht senkrecht auf $\vec{a}$ und senkrecht auf $\vec{b}$.

Hinweis: Der Vektor $\frac{1}{2} \cdot \begin{pmatrix} -16 \\ 18 \\ -14 \end{pmatrix} = \begin{pmatrix} -8 \\ 9 \\ -7 \end{pmatrix}$ steht auch senkrecht auf $\vec{a}$ und senkrecht auf $\vec{b}$.

Bemerkung:

Das **Vektorprodukt** $\vec{a} \times \vec{b}$ ergibt einen **Vektor**.

Das **Skalarprodukt** $\vec{a} \cdot \vec{n}$ ergibt eine reelle Zahl (einen Skalar).

Jede Lerneinheit schließt mit einer ausreichenden Anzahl von Aufgaben ab. Diese sind zur Ergebnissicherung und Übung gedacht, aber auch als Hausaufgaben geeignet. Kompetenzorientierte Aufgaben mit unterschiedlichem Schwierigkeitsgrad ermöglichen es dem Schüler, den Stoff zu festigen und zu vertiefen. Beispiele und Aufgaben aus dem Alltag und aus der Wirtschaft stellen einen praktischen Bezug her.

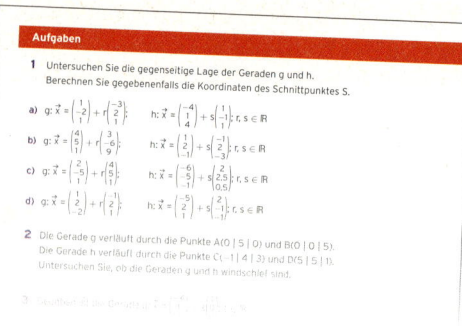

Die Aufgaben „Modellierung einer Situation" und „Test zur Überprüfung Ihrer Grundkenntnisse" werden im Anhang ausführlich gelöst.

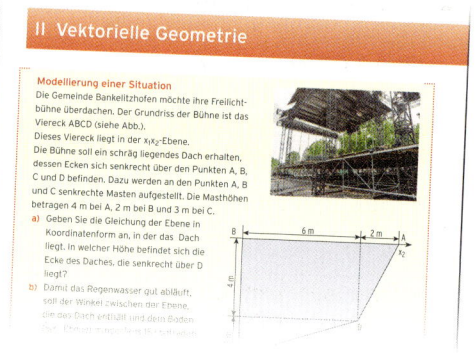

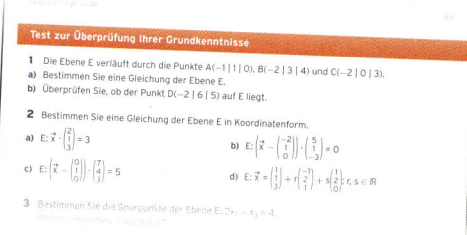

Für Aufgaben mit dem Download-Logo stehen ausführliche Lösungen zum Download bereit. Sie finden diese in der Mediathek zum Buch auf unserer Website http://www.merkur-verlag.de.

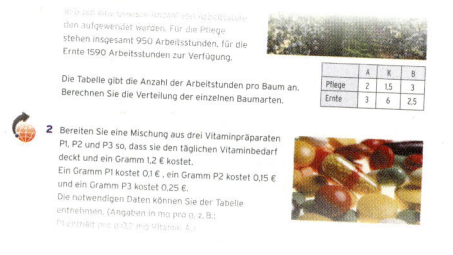

Definitionen, Festlegungen, Merksätze und mathematisch wichtige Grundlagen sind in Rot gekennzeichnet.

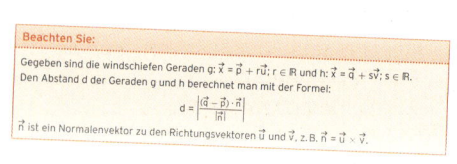

Inhaltsverzeichnis

I   Lineare Gleichungssysteme

II   Vektorielle Geometrie

ANHANG

I Lineare Gleichungssysteme

Modellierung einer Situation

Der Bootsverleiher Jakob bietet Boote verschiedenen Typs zum Ausleihen an.
Die entsprechenden Preise sind in der nachfolgenden Tabelle aufgelistet.

Bootstyp	Preis je Stunde
Motorboot	40 €
Elektroboot	30 €
Tretboot	15 €

An einem schönen Sommertag sind alle 37 Boote gleichzeitig ausgeliehen.
Die Einnahmen nach einer Stunde betragen 945 €.
Der Bootsverleiher hat 6 Tretboote mehr als Elektroboote.
Wie viele Motor-, Elektro- und Tretboote besitzt der Bootsverleiher jeweils?

In der letzten Stunde vor Ausleihschluss sind nur noch 20 Boote auf dem See.
Die Einnahmen belaufen sich in dieser Abendstunde auf 470 €.
Wie viele Motorboote können in diesem Fall auf dem See sein?
Begründen Sie, warum es mehrere Möglichkeiten gibt.

Qualifikationen & Kompetenzen

- Ein lineares Gleichungssystem (LGS) umformen und lösen
- Ein LGS auf Lösbarkeit untersuchen
- Matrizenschreibweise nutzen
- Modellieren von realen Situationen

Bearbeiten Sie diese Situation, nachdem Sie die rechts aufgeführten **Qualifikationen und Kompetenzen** erworben haben.

1 Einführung

Lineare Gleichungssysteme haben eine zentrale Bedeutung in verschiedenen Bereichen der Mathematik. Nicht nur zur Bestimmung einer Parabelgleichung stellen wir ein lineares Gleichungssystem auf. Mit einem linearen Gleichungssystem lassen sich auch zahlreiche Probleme aus Technik und Wirtschaft modellieren und damit lösen. Aus dem Wissen über die unbekannten Größen, die bei diesen Problemen auftauchen, leiten wir Gleichungen her. Eine zentrale Aufgabe der linearen Algebra ist die **Lösung linearer Gleichungssysteme**.

Beispiel

➡ Obstbäuerin Huber liefert Äpfel der Sorten Boskop (B), Jonathan (J) und Elstar (E) an den Großmarkt. Die Lieferungen der letzten 3 Tage (in kg) lassen sich aus der Tabelle ablesen.

	B	J	E
T_1	40	40	100
T_2	80	40	20
T_3	40	80	40

Der Großhändler überweist für die Lieferung am 1. Tag (T_1) 320 €, für die Lieferung am 2. Tag (T_2) 240 € und für die Lieferung am 3. Tag (T_3) 240 €. Wie hoch ist jeweils der Preis pro kg für die einzelnen Apfelsorten?

Lösung

Frau Huber erhält

für 1 kg B x_1 €,
für 1 kg J x_2 € und
für 1 kg E x_3 €.

Sie erhält

für 40 kg B $40x_1$ €,
für 40 kg J $40x_2$ € und
für 100 kg E $100x_3$ €,

insgesamt 320 €.

Zugehörige Gleichung:

$$40 x_1 + 40x_2 + 100x_3 = 320$$

Für die Lieferung aller 3 Tage ergibt sich ein **lineares Gleichungssystem (LGS)**:

$$40x_1 + 40x_2 + 100x_3 = 320$$
$$80x_1 + 40x_2 + 20x_3 = 240$$
$$40x_1 + 80x_2 + 40x_3 = 240$$

Umformung des LGS mit dem **Gauß'schen Eliminationsverfahren (Gauß-Algorithmus)**

Gleichungen	Matrixschreibweise

Gleichungen **Matrixschreibweise**

$40x_1 + 40x_2 + 100x_3 = 320$ $\cdot(-2)$ $\cdot(-1)$
$80x_1 + 40x_2 + 20x_3 = 240$ +   +
$40x_1 + 80x_2 + 40x_3 = 240$

$$\begin{array}{ccc} x_1 & x_2 & x_3 \end{array}$$
$$\left(\begin{array}{ccc|c} 40 & 40 & 100 & 320 \\ 80 & 40 & 20 & 240 \\ 40 & 80 & 40 & 240 \end{array}\right) \cdot(-2)\ \cdot(-1)\ +\ +$$

$40x_1 + 40x_2 + 100x_3 = 320$
$\quad\ -40x_2 - 180x_3 = -400$ +
$\quad\quad\ 40x_2 - 60x_3 = -80$

$$\left(\begin{array}{ccc|c} 40 & 40 & 100 & 320 \\ 0 & -40 & -180 & -400 \\ 0 & 40 & -60 & -80 \end{array}\right) +$$

$40x_1 + 40x_2 + 100x_3 = 320$
$\quad\ -40x_2 - 180x_3 = -400$ **Stufenform**
$\quad\quad\quad -240x_3 = -480$

$$\left(\begin{array}{ccc|c} 40 & 40 & 100 & 320 \\ 0 & -40 & -180 & -400 \\ 0 & 0 & -240 & -480 \end{array}\right)$$ **Dreiecksform**

Die letzte Zeile der Matrix entspricht
der Gleichung:

$-240x_3 = -480$
$x_3 = 2$

Die zweite Zeile entspricht der Gleichung: $-40x_2 - 180x_3 = -400$
Einsetzen von $x_3 = 2$ ergibt: $-40x_2 - 180 \cdot 2 = -400$
$x_2 = 1$

Die erste Zeile entspricht der Gleichung: $40x_1 + 40x_2 + 100x_3 = 320$
Einsetzen von $x_2 = 1$ und $x_3 = 2$ ergibt: $40x_1 + 40 \cdot 1 + 100 \cdot 2 = 320$
$x_1 = 2$

Lösung: $x_1 = 2$; $x_2 = 1$; $x_3 = 2$

Schreibweise: **Lösungsvektor** $\vec{x} = \begin{pmatrix} x_1 \\ x_2 \\ x_3 \end{pmatrix} = \begin{pmatrix} 2 \\ 1 \\ 2 \end{pmatrix}$

Frau Huber erhält für 1 kg Boskop 2 €, für 1 kg Jonathan 1 € und für 1 kg Elstar 2 €.

Beachten Sie:

Lineares Gleichungssystem mit m Gleichungen, n Unbekannten $x_1, x_2, x_3, ..., x_n$ und den Koeffizienten a_{ij}:

$$a_{11}x_1 + a_{12}x_2 + a_{13}x_3 + ... + a_{1n}x_n = b_1$$
$$a_{21}x_1 + a_{22}x_2 + a_{23}x_3 + ... + a_{2n}x_n = b_2$$
$$\vdots \qquad \vdots \qquad \vdots \quad \vdots$$
$$a_{m1}x_1 + a_{m2}x_2 + a_{m3}x_3 + ... + a_{mn}x_n = b_m$$

Eine **Lösung** eines linearen Gleichungssystems mit n Unbekannten besteht aus n Zahlen, die allen Gleichungen genügen. Sind $b_1, b_2, ... b_m$ alle null, so heißt das LGS **homogen**, ansonsten **inhomogen**.

Beispiel für ein LGS

$40x_1 + 40x_2 + 100x_3 = 320$
$80x_1 + 40x_2 + 20x_3 = 240$
$40x_1 + 80x_2 + 40x_3 = 240$

LGS in Matrixschreibweise

$$\left(\begin{array}{ccc|c} 40 & 40 & 100 & 320 \\ 80 & 40 & 20 & 240 \\ 40 & 80 & 40 & 240 \end{array}\right)$$

2 Umformung und Lösung eines linearen Gleichungssystems

2.1 Das LGS ist eindeutig lösbar

Beispiel

➲ Lösen Sie das lineare Gleichungssystem:

$$-x_1 - \ x_2 - \ 2x_3 = -3$$
$$-12x_1 - 7x_2 - 18x_3 = -2$$
$$5x_1 + \ x_2 + \ 6x_3 = -9$$

Lösung

Gleichungen

$$-x_1 - \ x_2 - \ 2x_3 = -3 \qquad \cdot(-12) \qquad \cdot 5$$
$$-12x_1 - 7x_2 - 18x_3 = -2$$
$$\underline{5x_1 + \ x_2 + \ 6x_3 = -9}$$
$$-x_1 - \ x_2 - \ 2x_3 = -3$$
$$5x_2 + \ 6x_3 = 34 \qquad \cdot 4$$
$$\underline{-4x_2 - \ 4x_3 = -24} \qquad \cdot 5$$
$$-x_1 - \ x_2 - \ 2x_3 = -3$$
$$5x_2 + \ 6x_3 = 34 \qquad \text{\textcolor{orange}{Stufenform}}$$
$$4x_3 = 16$$

Letzte Gleichung: $4x_3 = 16$

Einsetzen von $x_3 = 4$ in $5x_2 + 6x_3 = 34$:

Einsetzen von $x_3 = 4$ und $x_2 = 2$
in $-x_1 - x_2 - 2x_3 = -3$:

Das LGS hat die Lösung:

Lösungsvektor:

Matrixschreibweise

$$\begin{array}{ccc} x_1 & x_2 & x_3 \end{array}$$
$$\left(\begin{array}{ccc|c} -1 & -1 & -2 & -3 \\ -12 & -7 & -18 & -2 \\ 5 & 1 & 6 & -9 \end{array}\right) \quad \cdot(-12) \quad \cdot(-1)$$

$$\left(\begin{array}{ccc|c} -1 & -1 & -2 & -3 \\ 0 & 5 & 6 & 34 \\ 0 & -4 & -4 & -24 \end{array}\right) \quad \cdot 4 \ \cdot 5$$

$$\left(\begin{array}{ccc|c} 1 & -1 & -2 & -3 \\ 0 & 5 & 6 & 34 \\ 0 & 0 & -4 & 16 \end{array}\right) \quad \text{\textcolor{orange}{Dreiecksform}}$$

$$x_3 = 4$$

$$5x_2 + 6 \cdot 4 = 34$$
$$x_2 = 2$$

$$-x_1 - 2 - 2 \cdot 4 = -3$$
$$x_1 = -7$$

$$x_1 = -7; \ x_2 = 2; \ x_3 = 4$$

$$\vec{x} = \begin{pmatrix} -7 \\ 2 \\ 2 \end{pmatrix}$$

Das LGS hat **genau eine Lösung**, es ist **eindeutig lösbar**.

Hinweis: Die Matrix $\begin{pmatrix} -1 & -1 & -2 \\ -12 & -7 & -18 \\ 5 & 1 & 6 \end{pmatrix}$ heißt **Koeffizientenmatrix**.

Die Matrix $\left(\begin{array}{ccc|c} -1 & -1 & -2 & -3 \\ -12 & -7 & -18 & -2 \\ 5 & 1 & 6 & -9 \end{array}\right)$ heißt **erweiterte Koeffizientenmatrix**.

Beispiel

⊃ Gegeben ist das LGS:

$$x_1 - \quad\quad x_3 = 1$$
$$x_1 + 2x_2 \quad\quad = 3$$
$$-4x_1 + 2x_2 + x_3 = -10$$

Berechnen Sie die Lösung.

Lösung

$\quad\quad\quad\quad\quad\quad\quad x_1 \; x_2 \; x_3$

LGS in Matrixschreibweise

$$\left(\begin{array}{ccc|c} 1 & 0 & -1 & 1 \\ 1 & 2 & 0 & 3 \\ -4 & 2 & 1 & -10 \end{array}\right) \quad \begin{array}{l} \cdot(-1) \\ + \\ \cdot 4 \\ + \end{array}$$

Umformung mit dem Gaußverfahren

$$\left(\begin{array}{ccc|c} 1 & 0 & -1 & 1 \\ 0 & 2 & 1 & 2 \\ 0 & 2 & -3 & -6 \end{array}\right) \quad \begin{array}{l} \cdot(-1) \\ + \end{array}$$

Dreiecksform der Koeffizientenmatrix

$$\left(\begin{array}{ccc|c} 1 & 0 & -1 & 1 \\ 0 & 2 & 1 & 2 \\ 0 & 0 & -4 & -8 \end{array}\right)$$

Letzte Gleichung:

$-4x_3 = -8$ für $x_3 = 2$

Einsetzen von $x_3 = 2$
in die zweite Gleichung $2x_2 + x_3 = 2$:

$2x_2 + 1 \cdot 2 = 2$ für $x_2 = 0$

Einsetzen von $x_3 = 2$ und $x_2 = 0$
in die erste Gleichung $x_1 - x_3 = 1$:

$x_1 - 2 = 1$ für $x_1 = 3$

Lösungsvektor:

$$\vec{x} = \begin{pmatrix} 3 \\ 0 \\ 2 \end{pmatrix}$$

Beachten Sie:

Die zulässigen Elementarumformungen im **Gauß-Verfahren,**
um die Dreiecksform der Koeffizientenmatrix zu erreichen, sind
die **Multiplikation einer Gleichung mit einer Zahl** ungleich null und
die **Addition von Gleichungen.**

Beispiel

⊃ Gegeben ist das LGS:

$$2x_1 + x_2 - x_3 = -3$$
$$x_1 - x_2 - 3x_3 = -7$$
$$3x_1 + \quad\quad x_3 = 10$$

Zeigen Sie: Der Vektor $\vec{x} = \begin{pmatrix} 2 \\ -3 \\ 4 \end{pmatrix}$ ist ein Lösungsvektor.

Lösung

$x_1 = 2$; $x_2 = -3$ und $x_3 = 4$:

$2 \cdot 2 - 3 - 4 = -3$	$-3 = -3$	wahr
$2 + 3 - 3 \cdot 4 = -7$	$-7 = -7$	wahr
$3 \cdot 2 + 4 = 10$	$10 = 10$	wahr

Das Einsetzen ergibt drei wahre Aussagen. $\vec{x}$ ist ein Lösungsvektor.

Beispiel

⮕ Lösen Sie das LGS:

$$3x_1 + 2x_2 = 4$$
$$4x_1 + \ x_2 = 7$$
$$2x_1 + 3x_2 = 1$$

Lösung

Hinweis: Das LGS besteht aus drei Gleichungen mit zwei Unbekannten. Es ist **überbestimmt**.

Matrixschreibweise:

$$\begin{pmatrix} 3 & 2 & | & 4 \\ 4 & 1 & | & 7 \\ 2 & 3 & | & 1 \end{pmatrix} \begin{matrix} \cdot(-4) \\ + \\ \cdot 3 \end{matrix} \begin{matrix} \cdot(-2) \\ + \\ \cdot 3 \end{matrix}$$

Gauß-Verfahren:

$$\begin{pmatrix} 3 & 2 & | & 4 \\ 0 & -5 & | & 5 \\ 0 & 5 & | & -5 \end{pmatrix} \begin{matrix} \\ + \end{matrix}$$

$$\begin{pmatrix} 3 & 2 & | & 4 \\ 0 & -5 & | & 5 \\ 0 & 0 & | & 0 \end{pmatrix}$$

Letzte Gleichung:

$$0 \cdot x_1 + 0 \cdot x_2 = 0$$

Das Einsetzen beliebiger reeller Zahlen für x_1, x_2 führt zu einer wahren Aussage.

Zweite Gleichung:

$$-5x_2 = 5$$
$$x_2 = -1$$

Einsetzen von $x_2 = -1$ in die erste Gleichung $3x_1 + 2x_2 = 4$:

$$3x_1 + 2 \cdot (-1) = 4$$
$$x_1 = 2$$

Lösung: $x_1 = 2$; $x_2 = -1$

Hinweis: Das Gleichungssystem ist eindeutig lösbar.

Aufgaben

1 Lösen Sie mit dem Gaußverfahren.

a) b)

a)
$$2x_1 + \ x_2 - \ x_3 = -3$$
$$x_1 - \ x_2 - 3x_3 = -7$$
$$3x_1 + \ x_2 + \ x_3 = 7$$

b)
$$x_1 + \ x_2 + 2x_3 = 5$$
$$3x_1 - \ x_2 - 2x_3 = -1$$
$$-2x_1 + 2x_2 + 2x_3 = 1$$

c)
$$3x_1 + 3x_2 - 3x_3 = 9$$
$$x_2 - 3x_3 = -12$$
$$6x_1 + \ x_2 - \ x_3 = 18$$

d)
$$x_2 - \ x_3 = 0$$
$$2x_1 + 3x_2 + \ x_3 = 6$$
$$x_2 + \ x_3 = 3$$

e)
$$x + 2y + 2z = 5$$
$$2x + \ y + \ z = 4$$
$$2x + 4y + 3z = 9$$

f)
$$x + \ y + \ z = 3$$
$$3x + 4y + 3z = 9$$
$$2x + 2y + 3z = 5$$

2 Bestimmen Sie den Lösungsvektor mithilfe des Gauß'schen Eliminationsverfahrens.

a) $5x_1 + x_2 = 1$
$2x_1 + 2x_2 = -0{,}4$

b) $3x + y = -2x + 4$
$-x + 5y = 4y - 2$

c) $4(x + 5) = 3(y + 5)$
$3x - 3 = 2y - 2$

d) $x_1 + x_2 - x_3 = 0$
$-x_1 - 2x_2 - 4x_3 = -3$
$-x_1 + 3x_2 + x_3 = -8$

e) $5x_1 + 5x_3 = 10$
$-x_2 - x_3 = -4$
$2x_1 + 2x_2 = 10$

f) $x_1 + 2x_2 + 6x_3 = 17$
$-5x_1 + x_2 - x_3 = 4$
$3x_2 - x_3 = 2$

3 Bestimmen Sie den Lösungsvektor.

a) $\begin{pmatrix} 0 & -2 & 1 & | & -2 \\ 2 & 1 & 2 & | & 0 \\ 0 & 0 & 4 & | & 0 \end{pmatrix}$

b) $\begin{pmatrix} 1 & -2 & 1 & | & -2 \\ 0 & 1 & 2 & | & 2 \\ 0 & 0 & 4 & | & 22 \end{pmatrix}$

c) $\begin{pmatrix} 0 & -2 & 1 & | & -2 \\ 0 & 0 & 2 & | & 9 \\ 1 & 0 & 4 & | & -1 \end{pmatrix}$

d) $\begin{pmatrix} 2 & -4 & | & 10 \\ 0 & 3 & | & 12 \\ 0 & 0 & | & 0 \end{pmatrix}$

e) $\begin{pmatrix} 3 & 1 & | & 0 \\ 1 & -1 & | & 4 \\ 2 & -1 & | & 5 \end{pmatrix}$

f) $\begin{pmatrix} 1 & -2 & | & -5 \\ 2 & 1 & | & 10 \\ -4 & 3 & | & 0 \end{pmatrix}$

4 Stellen Sie ein LGS aus zwei Gleichungen mit 2 Unbekannten auf, das nur die Lösung (4; 2) hat.

5 Eine Parabel verläuft durch die Punkte A(1 | 3), B(−1 | −3) und C(2 | 12).
Stellen Sie das zugehörige LGS auf und lösen Sie es.
Geben Sie die Parabelgleichung an.

6 Ein Händler verkauft 2 Milchkühe und 5 Kälber. Er kauft 13 Schafe ein und es bleiben ihm 1000 € übrig. Verkauft er 3 Milchkühe und 3 Schafe, so kann er genau 9 Kälber kaufen. Verkauft er 6 Kälber und 8 Schafe, so fehlen ihm 600 €, um 5 Milchkühe zu kaufen. Was kosten die einzelnen Tiere?
Stellen Sie ein lineares Gleichungssystem auf und lösen Sie es.

7 Ein Winzer stellt aus verschiedenen Traubensorten T_1, T_2 und T_3 verschiedene Weine W_1, W_2 und W_3 her. Die Tabelle gibt den Materialfluss in ME an.
Um z. B. 1 ME von dem Wein W_1 herzustellen, benötigt er 3 ME von der Traube T_1 und 1 ME von der Traube T_3. Der Winzer hat noch 448 ME von T_1, 442 ME von T_2 und 330 ME von T_3. Wie viele ME an Weinen können hergestellt werden, wenn die Trauben vollständig aufgebraucht werden?

	W_1	W_2	W_3
T_1	3	1	2
T_2	0	4	1
T_3	1	0	3

2.2 Das LGS ist unlösbar

Beispiel

➲ Gegeben ist das LGS:

$$-2x_1 + x_2 = 3$$
$$12x_1 - 6x_2 = 0$$

Untersuchen Sie das LGS auf Lösbarkeit.

nicht möglich

Lösung

Erweiterte Koeffizientenmatrix auf Dreiecksform bringen: $\begin{pmatrix} -2 & 1 & | & 3 \\ 12 & -6 & | & 0 \end{pmatrix} \sim \begin{pmatrix} -2 & 1 & | & 3 \\ 0 & 0 & | & 18 \end{pmatrix}$

Aus der letzten Zeile folgt: $0 \cdot x_1 + 0 \cdot x_2 = 18$

Man erhält eine falsche Aussage (0 = 18), d.h., das LGS ist **unlösbar**.
Lösungsmenge L = Ø.

Beispiel

➲ Gegeben ist das Gleichungssystem:

$$2x_1 - x_2 + 3x_3 = 1$$
$$4x_1 - 2x_2 + x_3 = -3$$
$$-2x_1 + x_2 + 5x_3 = 3$$

Zeigen Sie: Das Gleichungssystem ist unlösbar.

Lösung

Erweiterte Koeffizientenmatrix auf Dreiecksform bringen:

$$\begin{pmatrix} 2 & -1 & 3 & | & 1 \\ 4 & -2 & 1 & | & -3 \\ -2 & 1 & 5 & | & 3 \end{pmatrix} \sim \begin{pmatrix} 2 & -1 & 3 & | & 1 \\ 0 & 0 & -5 & | & -5 \\ 0 & 0 & 8 & | & 4 \end{pmatrix} (*) \sim \begin{pmatrix} 2 & -1 & 3 & | & 1 \\ 0 & 0 & -5 & | & -5 \\ 0 & 0 & 0 & | & -20 \end{pmatrix}$$

Aus der letzten Zeile folgt: $0 \cdot x_1 + 0 \cdot x_2 + 0 \cdot x_3 = -20$.

Man erhält eine falsche Aussage (0 = −20), d.h., das **LGS ist unlösbar**.

Alternative: Aus (*) erhält man: $x_3 = 1$ und $x_3 = 0{,}5$. Dies ist ein Widerspruch.

Dieser Widerspruch bedeutet: Das **LGS ist unlösbar**.

> **Beachten Sie:**
>
> Ist **ein Diagonalelement der umgeformten Koeffizientenmatrix gleich null**, so ist das LGS **nicht eindeutig** lösbar.

Aufgaben

1 Zeigen Sie: Das lineare Gleichungssystem ist unlösbar.

a)
$$x_1 - 3x_2 + 2x_3 = 2$$
$$3x_1 + 3x_2 - 2x_3 = 1$$
$$x_1 - 6x_2 + 4x_3 = 3$$

b)
$$2x_1 - 6x_2 + 9x_3 = 1$$
$$3x_2 - 2x_3 = -1$$
$$-10x_1 - 25x_3 = 3$$

2 Bestimmen Sie ein lineares Gleichungssystem für die Unbekannten x_1 und x_2 mit der Lösungsmenge L = Ø.

2.3 Das LGS ist mehrdeutig lösbar

Beispiel

➡ Gegeben ist das LGS:

$$-x_1 + x_2 + x_3 = -1$$
$$-7x_2 + 7x_3 = 14$$
$$-x_1 + 3x_2 - x_3 = -5$$

Berechnen Sie die Lösungsmenge.

Lösung

Erweiterte Koeffizientenmatrix auf die erweiterte Dreiecksform bringen:

$$\begin{pmatrix} -1 & 1 & 1 & | & -1 \\ 0 & -7 & 7 & | & 14 \\ -1 & 3 & -1 & | & -5 \end{pmatrix} \sim \begin{pmatrix} -1 & 1 & 1 & | & -1 \\ 0 & -1 & 1 & | & 2 \\ 0 & 2 & -2 & | & -4 \end{pmatrix} \sim \begin{pmatrix} -1 & 1 & 1 & | & -1 \\ 0 & -1 & 1 & | & 2 \\ 0 & 0 & 0 & | & 0 \end{pmatrix}$$

> **Beachten Sie:**
>
> Ist **ein Diagonalelement der umgeformten Koeffizientenmatrix** gleich null, so ist das LGS **nicht eindeutig** lösbar.

Die letzte Zeile der erweiterten Dreiecksform entspricht der Gleichung

$$0 \cdot x_1 + 0 \cdot x_2 + 0 \cdot x_3 = 0$$

Diese Gleichung führt für alle $x_1, x_2, x_3 \in \mathbb{R}$ zu einer wahren Aussage ($0 = 0$).

Aus der 2. Zeile:

$$-x_2 + x_3 = 2$$

Diese Gleichung mit 2 Unbekannten ist mehrdeutig lösbar:

Wir wählen z. B. $x_3 = 1$ und erhalten durch Einsetzen: $x_2 = -1$
oder z. B. $x_3 = -4$ und erhalten durch Einsetzen: $x_2 = -6$.

Um alle Lösungen zu erhalten, setzt man $x_3 = r, r \in \mathbb{R}$ (x_3 ist frei wählbar).

Durch Einsetzen berechnet man x_2 in Abhängigkeit von r:

$$-x_2 + r = 2$$
$$x_2 = r - 2$$

Einsetzen in die 1. Zeile ergibt:

$$-x_1 + x_2 + x_3 = -1$$
$$-x_1 + (r - 2) + r = -1$$
$$x_1 = -1 + 2r$$

Das LGS ist **mehrdeutig lösbar**, hat also **unendlich viele Lösungen**.

Lösungsvektor:

$$\vec{x} = \begin{pmatrix} x_1 \\ x_2 \\ x_3 \end{pmatrix} = \begin{pmatrix} -1 + 2r \\ r - 2 \\ r \end{pmatrix}; r \in \mathbb{R}$$

Lösungsmenge:

$$L = \left\{ \vec{x} \mid \vec{x} = \begin{pmatrix} -1 + 2r \\ r - 2 \\ r \end{pmatrix}; r \in \mathbb{R} \right\}$$

Hinweis: Ist das LGS mehrdeutig lösbar, so enthält der Lösungsvektor einen Parameter und wird als allgemeine Lösung des linearen Gleichungssystems bezeichnet.

Beispiel

⊃ Lösen Sie das folgende lineare Gleichungssystem:

$$2x_1 + 3x_2 - x_3 = 2$$
$$5x_1 + x_2 \quad = -3$$

Lösung

Hinweis: Das LGS besteht aus zwei Gleichungen mit drei Unbekannten.
Es ist **unterbestimmt**.

2. Gleichung: $\quad 5x_1 + x_2 = -3$

In dieser Gleichung mit 2 Unbekannten ist **eine Unbekannte frei wählbar**, z. B. x_1.
(Die Wahl von x_1 ermöglicht eine Rechnung ohne Brüche.)

Man wählt: $\quad x_1 = r; r \in \mathbb{R}$

Durch Einsetzen lässt sich x_2 in Abhängigkeit von r berechnen.

Aus $5x_1 + x_2 = -3$ erhält man: $\quad x_2 = -3 - 5r$

Einsetzen in die 1. Gleichung ergibt: $\quad 2r + 3(-3 - 5r) - x_3 = 2$
$$x_3 = -11 - 13r$$

Das LGS aus 2 Gleichungen für 3 Unbekannte ist **mehrdeutig lösbar**.

Allgemeine Lösung: $\quad \vec{x} = \begin{pmatrix} r \\ -3 - 5r \\ -11 - 13r \end{pmatrix}; r \in \mathbb{R}$

Beispiel

⊃ Bestimmen Sie alle Lösungen der Gleichung $x_1 - 3x_2 + x_3 = -1$.

Lösung

Zur Lösung dieser Gleichung mit 3 Unbekannten sind **2 Unbekannte frei wählbar**.
Man wählt z. B. $x_2 = r$ und $x_3 = s$; $r, s \in \mathbb{R}$ und
erhält x_1 durch Einsetzen in $x_1 - 3x_2 + x_3 = -1$: $\quad x_1 - 3r + s = -1$
$$x_1 = -1 + 3r - s$$

Lösungsvektor: $\quad \vec{x} = \begin{pmatrix} -1 + 3r - s \\ r \\ s \end{pmatrix}; r, s \in \mathbb{R}$

Beispiel

⊃ Gegeben ist das LGS durch $\begin{pmatrix} -1 & 0 & 0 & | & 5 \\ 0 & 0 & 2 & | & 6 \\ 0 & 0 & 0 & | & 0 \end{pmatrix}$. Bestimmen Sie den Lösungsvektor.

Lösung

Die zugehörigen Gleichungen ergeben:
$$-x_1 = 5 \qquad \Leftrightarrow \quad x_1 = -5$$
$$2x_3 = 6 \qquad \Leftrightarrow \quad x_3 = 3$$
$$0 \cdot x_1 + 0 \cdot x_2 + 0 \cdot x_3 = 0$$

Einsetzen:
$$0 \cdot (-5) + 0 \cdot x_2 + 0 \cdot 3 = 0$$
$$0 \cdot x_2 = 0$$

In der Gleichung $0 \cdot x_2 = 0$ ist x_2 frei wählbar: $x_2 = r; r \in \mathbb{R}$.

Lösungsvektor: $\quad \vec{x} = \begin{pmatrix} -5 \\ r \\ 3 \end{pmatrix}; r \in \mathbb{R}$

Das LGS ist **mehrdeutig lösbar**.

Beispiel

➡ Gegeben sind die folgenden Gleichungen:

$$2x_1 + 4x_2 - 6x_3 = 8 \quad (1)$$
$$3x_1 + 6x_2 - 8x_3 = 14 \quad (2)$$
$$-2x_1 - 4x_2 + 3x_3 = -14 \quad (3)$$
$$x_1 - x_2 - 2x_3 = 0 \quad (4)$$

a) Berechnen Sie die Lösung des linearen Gleichungssystems, das aus den Gleichungen (1), (2) und (3) besteht.

b) Wie lautet der Lösungsvektor des linearen Gleichungssystems, das aus allen vier Gleichungen besteht?

Lösung

a) Koeffizientenmatrix auf Dreiecksform bringen

$$\left(\begin{array}{ccc|c} 2 & 4 & -6 & 8 \\ 3 & 6 & -8 & 14 \\ -2 & -4 & 3 & -14 \end{array}\right) \sim \left(\begin{array}{ccc|c} 2 & 4 & -6 & 8 \\ 0 & 0 & 2 & 4 \\ 0 & 0 & -3 & -6 \end{array}\right) \sim \left(\begin{array}{ccc|c} 2 & 4 & -6 & 8 \\ 0 & 0 & 2 & 4 \\ 0 & 0 & 0 & 0 \end{array}\right)$$

Hinweis: Mindestens ein Diagonalelement der umgeformten Koeffizientenmatrix ist gleich null, d.h., das LGS ist **nicht eindeutig** lösbar.

Aus der 2. Zeile der erweiterten Dreiecksform $\quad x_3 = 2$

Einsetzen von $x_3 = 2$ in die 1. Zeile $\qquad 2x_1 + 4x_2 - 12 = 8$

ergibt: $\qquad\qquad\qquad\qquad\qquad\qquad\qquad x_1 + 2x_2 = 10$

Zur Lösung dieser Gleichung mit 2 Unbekannten setzt man z.B.: $\quad x_2 = t;\ t \in \mathbb{R}$

(x_2 ist frei wählbar.)

Durch Einsetzen berechnet man x_1 $\qquad\qquad x_1 + 2t = 10$

(in Abhängigkeit von t): $\qquad\qquad\qquad\quad x_1 = 10 - 2t$

Lösungsvektor: $\qquad\qquad\qquad\qquad\qquad \vec{x} = \begin{pmatrix} 10 - 2t \\ t \\ 2 \end{pmatrix};\ t \in \mathbb{R}$

Das LGS ist **mehrdeutig lösbar**, hat also unendlich viele Lösungen.

b) Einsetzen der allgemeinen Lösung aus a) in die Gleichung (4) ergibt:

$$10 - 2t - t - 2 \cdot 2 = 0$$
$$t = 2$$

$t = 2$ einsetzen in $\vec{x} = \begin{pmatrix} 10 - 2t \\ t \\ 2 \end{pmatrix}$ ergibt: $\qquad \vec{x} = \begin{pmatrix} 6 \\ 2 \\ 2 \end{pmatrix}$

Das LGS aus allen vier Gleichungen ist **eindeutig lösbar**.

Aufgaben

1 Bestimmen Sie den Lösungsvektor.

a)
$$2x_1 + x_2 + 3x_3 = -2$$
$$x_2 + 2x_3 = 1$$
$$4x_1 + 3x_2 + 8x_3 = -3$$

b) $\left(\begin{array}{ccc|c} 1 & 0 & 2 & 1 \\ 2 & 1 & -1 & 3 \\ 3 & 1 & 1 & 4 \end{array}\right)$

c) $\left(\begin{array}{ccc|c} 0 & 1 & 1 & 2 \\ 2 & 1 & 1 & 4 \\ 1 & -1 & -1 & -1 \end{array}\right)$

Was man wissen sollte – über die Lösbarkeit eines linearen Gleichungssystems

Untersuchung in zwei Schritten (am Beispiel von 3 Gleichungen für 3 Unbekannte):

1. Umformung der erweiterten Koeffizientenmatrix
   mit dem Gaußverfahren in die **erweiterte Dreiecksform**:

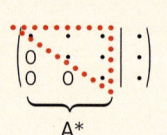

$$A^*$$

2. Untersuchung der **Diagonalelemente von A***

Alle Diagonalelemente von A* sind ungleich null.

Mindestens ein Diagonalelement von A* ist gleich null.

Das LGS ist **eindeutig** lösbar.

Das LGS ist **nicht eindeutig** lösbar.
Die rechte Seite entscheidet:
Das LGS ist

mehrdeutig lösbar. unlösbar.

z. B.

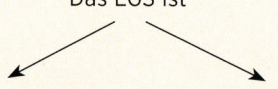

Beispiele

a) $\begin{pmatrix} 1 & 2 & 0 & | & 4 \\ 0 & 1 & 2 & | & 4 \\ 0 & 0 & 1 & | & 0 \end{pmatrix} \Rightarrow \vec{x} = \begin{pmatrix} -12 \\ -4 \\ 0 \end{pmatrix}$ Das inhomogene LGS ist **eindeutig lösbar**.

$\begin{pmatrix} 1 & 2 & 0 & | & 0 \\ 0 & 1 & 2 & | & 0 \\ 0 & 0 & 1 & | & 0 \end{pmatrix} \Rightarrow \vec{x} = \begin{pmatrix} 0 \\ 0 \\ 0 \end{pmatrix}$ Das homogene LGS ist **eindeutig lösbar**.

b) $\begin{pmatrix} 1 & 2 & 0 & | & 4 \\ 0 & 1 & 2 & | & 4 \\ 0 & 0 & 0 & | & 0 \end{pmatrix} \Rightarrow \vec{x} = \begin{pmatrix} -12 + 4r \\ -4 + 2r \\ r \end{pmatrix}$ Das inhomogene LGS ist **mehrdeutig lösbar**.

$\begin{pmatrix} 1 & 2 & 0 & | & 0 \\ 0 & 1 & 2 & | & 0 \\ 0 & 0 & 0 & | & 0 \end{pmatrix} \Rightarrow \vec{x} = \begin{pmatrix} 4r \\ 2r \\ r \end{pmatrix}$ Das homogene LGS ist **mehrdeutig lösbar**.

c) $\begin{pmatrix} 1 & 2 & 0 & | & 4 \\ 0 & 1 & 2 & | & 4 \\ 0 & 0 & 0 & | & 1 \end{pmatrix}$ Das inhomogene LGS ist **unlösbar**.

Aufgaben zu linearen Gleichungssystemen

1 Bestimmen Sie den Lösungsvektor.

a) $\begin{pmatrix} -1 & 2 & 0 & | & 4 \\ 0 & -1 & 2 & | & 4 \\ 0 & 0 & 0 & | & 0 \end{pmatrix}$
b) $\begin{pmatrix} -1 & 2 & 0 & | & 4 \\ 0 & 0 & 2 & | & 4 \\ 0 & 0 & 0 & | & 0 \end{pmatrix}$
c) $\begin{pmatrix} 0 & 1 & 2 & | & 5 \\ 0 & -2 & 0 & | & -2 \\ 0 & 0 & 4 & | & 8 \end{pmatrix}$

d) $\begin{pmatrix} 1 & 1 & 2 & | & 5 \\ 0 & 0 & 0 & | & 0 \\ 0 & 0 & 0 & | & 0 \end{pmatrix}$
e) $\begin{pmatrix} -1 & 2 & 5 & | & 0 \\ 0 & -1 & 3 & | & 0 \\ 0 & 0 & 0 & | & 0 \end{pmatrix}$
f) $\begin{pmatrix} -1 & 2 & 5 & | & 0 \\ 0 & 0 & 3 & | & 0 \\ 0 & 0 & 0 & | & 0 \end{pmatrix}$

g) $\begin{pmatrix} -1 & 2 & | & 0 \\ 0 & -1 & | & 0 \\ 0 & 1 & | & 0 \end{pmatrix}$
h) $\begin{pmatrix} 1 & 1 & | & 5 \\ 0 & 0 & | & 0 \\ 0 & 0 & | & 0 \end{pmatrix}$
i) $\begin{pmatrix} 1 & 1 & 1 & | & 3 \\ 1 & -1 & 0 & | & 2 \\ 2 & 0 & 0 & | & 5 \end{pmatrix}$

c) d)

2 Berechnen Sie die Lösungsmenge.

a) $x_1 - 3x_2 + 2x_3 = 2$
$2x_1 - 6x_2 + 5x_3 = 11$
$3x_1 + 11x_2 - 9x_3 = 1$

b) $8x_2 - 4x_3 = 4$
$x_1 + 2x_2 - 3x_3 = 2$
$-3x_1 - 4x_2 + 8x_3 = -5$

c) $2x_1 + 4x_2 + 6x_3 = 0$
$3x_1 + 2x_2 + x_3 = 1$
$2x_2 + 4x_3 = -0{,}5$

d) $2x_1 + 5x_2 - x_3 = 25$
$x_1 + 7x_3 = 10$
$x_1 + 2x_2 + x_3 = 12$

e) $x_1 + 2x_2 + x_3 = 0$
$-2x_1 - x_2 + 3x_3 = -1$

f) $3x_1 - 5x_2 = 2$
$x_1 + 3x_3 = 3$

g) $2x_2 + x_3 = -1$

h) $3x_1 - 7x_2 + x_3 = 0$

3 Bestimmen Sie den Lösungsvektor des Gleichungssystems.

a) $x_1 + 8x_2 = -1$
$x_1 + 2x_2 = 2$
$2x_1 + 6x_2 = 3$

b) $x_1 - 3x_2 + x_3 = 2$
$4x_1 - 2x_2 + 3x_3 = 4$
$-4x_1 + 2x_2 - x_3 = -2$
$3x_1 + x_2 + 2x_3 = 2$

4 Gegeben ist das LGS $\begin{pmatrix} 0 & 1 & -1 & | & 1 \\ 0 & 1 & 0 & | & 2 \\ 0 & 0 & 3 & | & 1 \end{pmatrix}$.

Untersuchen Sie auf Lösbarkeit. Ändern Sie eine Zahl so ab, dass sich die Lösbarkeit ändert. Bestimmen Sie gegebenenfalls den Lösungsvektor.

5 Zeigen Sie, dass das LGS $\quad x_1 - 2x_2 + x_3 = 1$
$x_1 - 4x_2 + 2x_3 = 2$
$-2x_2 + x_3 = -1$

unlösbar ist.

6 Bestimmen Sie r, s und t so, dass

$$4 + r + 2s = 4t + 3$$
$$3 + 3r + 2s = 2t$$
$$1 + 4r + 4s = 4t \qquad \text{ist.}$$

7 Gegeben ist das lineare Gleichungssystem:

$$x_1 + 3x_2 \qquad = 1$$
$$2x_1 + 4x_2 - x_3 = 0$$
$$2x_1 + 2x_2 - 2x_3 = -2$$

a) Untersuchen Sie, ob $\vec{x}_1 = \begin{pmatrix} 3 \\ 2 \\ -1 \end{pmatrix}$ und $\vec{x}_2 = \begin{pmatrix} -0{,}5 \\ 0{,}5 \\ 1 \end{pmatrix}$ jeweils eine Lösung des linearen Gleichungssystems ist.

b) Bestimmen Sie die allgemeine Lösung des Gleichungssystems.

c) Geben Sie eine Lösung mit ganzzahligen Koordinaten an.

d) Gibt es einen Lösungsvektor, bei dem alle drei Koordinaten gleich sind?

8 Gegeben ist das lineare Gleichungssystem:

$$2x_1 - 2x_2 + 2x_3 = x_1 \ \land \ -x_1 + x_2 + x_3 = x_2 \ \land \ 4x_1 - 2x_2 = x_3.$$

a) Zeigen Sie: $\vec{x} = \begin{pmatrix} 2 \\ 3 \\ 2 \end{pmatrix}$ ist ein Lösungsvektor.

b) Berechnen Sie alle Lösungen.

9 Gegeben ist das LGS:

$$2x_1 - x_2 + x_3 = -2$$
$$-x_1 + x_2 + x_3 = 2$$
$$x_1 + x_2 + 5x_3 = 2$$

Bestimmen Sie den allgemeinen Lösungsvektor.

Prüfen Sie, ob $\vec{x} = \begin{pmatrix} -15 \\ -22 \\ 8 \end{pmatrix}$ ein Lösungsvektor ist.

Bestimmen Sie eine spezielle Lösung mit $x_1 + x_2 + x_3 = 1$.

10 Gegeben ist das LGS $\begin{pmatrix} 1 & 0 & 2 & | & x \\ 2 & 9 & 10 & | & y \\ -1 & 3 & 0 & | & z \end{pmatrix}$.

a) Ist das LGS lösbar für $x = y = z = 0$? Wenn ja, geben Sie den Lösungsvektor an.

b) Ist das LGS lösbar für $x = y = 0$ und $z = 1$? Wenn ja, geben Sie die Lösung an.

c) Welche Beziehung besteht zwischen x, y und z, wenn das LGS lösbar ist?

11 Welche der Vektoren $\begin{pmatrix} 1 \\ 0 \\ 0 \end{pmatrix}$, $\begin{pmatrix} 0 \\ -2 \\ 0 \end{pmatrix}$, $\begin{pmatrix} 4 \\ 1 \\ 2 \end{pmatrix}$ sind Lösungen der Gleichung $x_1 - 2x_2 + x_3 = 4$?

Bestimmen Sie die allgemeine Lösung dieser Gleichung.

2.4 Anwendungen

Beispiel

⮑ Neusilber ist eine Legierung, die aus Kupfer, Zink und Nickel besteht. Zur Herstellung einer Folie wird Neusilber mit 25 % Kupfer (Cu), 40 % Nickel (Ni) und 35 % Zink (Zn) verarbeitet. Die Tabelle (Angaben in %) zeigt die Zusammensetzung der vorhandenen Legierungen.

Aus den Legierungen A, B und C sollen 100 g Neusilber für die Folienherstellung mit dem benötigten Gehalt hergestellt werden. Wie viel g nimmt man von den jeweiligen Legierungen?

	A	B	C
Cu	20	50	60
Ni	40	50	20
Zn	40	0	20

Lösung

Zur Herstellung von 100 Gramm (g) Neusilber nimmt man x Gramm von Legierung A, y Gramm von Legierung B und z Gramm von Legierung C.

In der Legierung A sind 20 % Cu enthalten, d.h., in x g A sind $0{,}2 \cdot x$ g Cu enthalten.
In der Legierung B sind 50 % Cu enthalten, d.h., in y g B sind $0{,}5 \cdot y$ g Cu enthalten.
In der Legierung C sind 60 % Cu enthalten, d.h., in z g C sind $0{,}6 \cdot z$ g Cu enthalten.

Hinweis: 100 g Neusilber mit 25 % Cu-Gehalt enthalten 25 g Cu.

Gleichung für 25 g Kupfer: $0{,}2x + 0{,}5y + 0{,}6z = 25$
ebenso für Nickel (40 g): $0{,}4x + 0{,}5y + 0{,}2z = 40$
ebenso für Zink (35 g): $0{,}4x + \phantom{0{,}5y +} 0{,}2z = 35$

LGS in Matrixform:

$$\begin{pmatrix} 0{,}2 & 0{,}5 & 0{,}6 & | & 25 \\ 0{,}4 & 0{,}5 & 0{,}2 & | & 40 \\ 0{,}4 & 0 & 0{,}2 & | & 35 \end{pmatrix} \begin{array}{l} \cdot(-2) \\ + \end{array} \begin{array}{l} \cdot(-2) \\ + \end{array}$$

Umformung der Matrix:

$$\begin{pmatrix} 0{,}2 & 0{,}5 & 0{,}6 & | & 25 \\ 0 & -0{,}5 & -1 & | & -10 \\ 0 & -1 & -1 & | & -15 \end{pmatrix} \begin{array}{l} \cdot(-2) \\ + \end{array}$$

$$\begin{pmatrix} 0{,}2 & 0{,}5 & 0{,}6 & | & 25 \\ 0 & -0{,}5 & -1 & | & -10 \\ 0 & 0 & 1 & | & 5 \end{pmatrix}$$

Auflösung ergibt: $z = 5; \ y = 10; \ x = 85$

Ergebnis: Für 100 g Neusilber müssen 85 g von Legierung A, 10 g von Legierung B und 5 g von Legierung C verwendet werden.

Beispiel

➲ In einem einfachen Netzwerk sind die Widerstände R_1 = 60 Ω, R_2 = 50 Ω und R_3 = 80 Ω gegeben.
Die Quellspannung beträgt U_Q = 20 V.
Berechnen Sie die Stromstärke I_3.

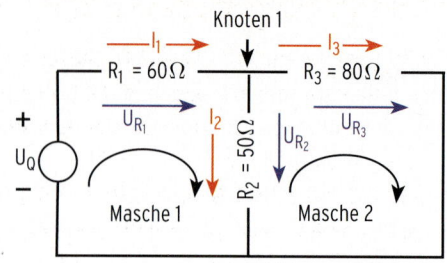

Lösung

Verknüpfung der Zweigspannungen und -ströme:

$$U_{R_1} = R_1 \cdot I_1$$
$$U_{R_2} = R_2 \cdot I_2$$
$$U_{R_3} = R_3 \cdot I_3$$

Maschengleichung für Masche 1: $U_{R_1} + U_{R_2} - U_Q = 0$

Maschengleichung für Masche 2: $U_{R_3} - U_{R_2} = 0$

Knotengleichung: $I_1 - I_2 - I_3 = 0$

Umformung der Maschengleichungen

für Masche 1: $R_1 \cdot I_1 + R_2 \cdot I_2 \qquad = U_Q$

für Masche 2: $\qquad -R_2 \cdot I_2 + R_3 \cdot I_3 = 0$

Knotengleichung: $I_1 - \quad I_2 - \quad I_3 = 0$

LGS für die unbekannten Ströme
in Matrixschreibweise:

$$
\begin{array}{ccc}
I_1 & I_2 & I_3
\end{array}
$$
$$\left(\begin{array}{ccc|c} R_1 & R_2 & 0 & U_Q \\ 0 & -R_2 & R_3 & 0 \\ 1 & -1 & -1 & 0 \end{array}\right)$$

Einsetzen der gegebenen Werte:

$$\left(\begin{array}{ccc|c} 60 & 50 & 0 & 20 \\ 0 & -50 & 80 & 0 \\ 1 & -1 & -1 & 0 \end{array}\right) \quad \begin{array}{l} +\\ \cdot(-60) \end{array}$$

$$\left(\begin{array}{ccc|c} 60 & 50 & 0 & 20 \\ 0 & -50 & 80 & 0 \\ 0 & 110 & 60 & 20 \end{array}\right) \quad \begin{array}{l} \cdot 11\\ +\\ \cdot 5 \end{array}$$

$$\left(\begin{array}{ccc|c} 60 & 50 & 0 & 20 \\ 0 & -50 & 80 & 0 \\ 0 & 0 & 1180 & 100 \end{array}\right)$$

3. Gleichung:

$$1180 \cdot I_3 = 100$$
$$I_3 = 0,085$$

Ergebnis: Die Stromstärke I_3 beträgt 0,085 A.

Aufgaben

1 Ein Gartenbaubetrieb bewirtschaftet einen Baumbestand von insgesamt 420 Bäumen, aufgeteilt in Birnbäume (B), Kirschbäume (K) und Apfelbäume (A).
Für die Pflege der Bäume und für die Ernte müssen eine gewisse Anzahl von Arbeitsstunden aufgewendet werden. Für die Pflege stehen insgesamt 950 Arbeitsstunden, für die Ernte 1590 Arbeitsstunden zur Verfügung.

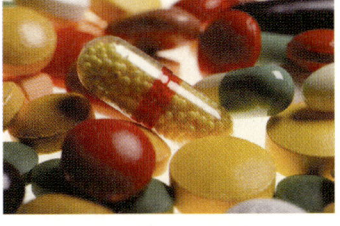

Die Tabelle gibt die Anzahl der Arbeitstunden pro Baum an. Berechnen Sie die Verteilung der einzelnen Baumarten.

	A	K	B
Pflege	2	1,5	3
Ernte	3	6	2,5

2 Bereiten Sie eine Mischung aus drei Vitaminpräparaten P1, P2 und P3 so, dass sie den täglichen Vitaminbedarf deckt und ein Gramm 1,2 € kostet.
Ein Gramm P1 kostet 0,1 € , ein Gramm P2 kostet 0,15 € und ein Gramm P3 kostet 0,25 €.
Die notwendigen Daten können Sie der Tabelle entnehmen. (Angaben in mg pro g, z.B.: P1 enthält pro g 0,2 mg Vitamin A.)

	P1	P2	P3	Tagesbedarf
Vitamin A	0,2	0,3	0,1	2 mg
Vitamin C	10	10	20	100 mg

3 Neusilber ist eine Legierung, die aus Kupfer, Zink und Nickel besteht. Die Tabelle zeigt die vorhandenen Legierungen.
Zur Herstellung eines Schmuckstückes wird Neusilber mit 60 % Kupfer (Cu), 20 % Nickel (Ni) und 20 % Zink (Zn) verarbeitet. Aus den Legierungen A, B und C sollen 100 g Neusilber für die Schmuckherstellung mit dem benötigten Gehalt hergestellt werden.
Wie viel g benötigt man von der Legierung B?

	A	B	C
Cu	40	75	50
Ni	20	25	0
Zn	40	0	50

Angaben in %

4 Ein Pulloverhersteller produziert drei unterschiedliche
Sweatshirts in der Größe XL, die sich in der Zusammen-
setzung der drei Ausgangsmaterialien Baumwolle,
Viskose und Polyester unterscheiden:

	Baumwolle	Viskose	Polyester
Sweatshirt A	60 %	40 %	0 %
Sweatshirt B	40 %	20 %	40 %
Sweatshirt C	0 %	40 %	60 %

Für die Herstellung der Sweatshirts A, B und C werden
jeweils 0,5 kg Stoff benötigt.

a) Der Hersteller möchte 120 Sweatshirts A, 300 Sweatshirts B und 250 der Sorte C herstel-
len. Wieviel kg der Ausgangsmaterialien benötigt der Hersteller hierzu?

b) Im Lager sind 1300 kg Baumwolle, 1200 kg Viskose und 1000 kg Polyester. Wie viele
Sweatshirts der jeweiligen Sorten können damit hergestellt werden, wenn der Hersteller
davon ausgeht, dass alle Ausgangsmaterialien aufgebraucht werden?

5 In einem Netzwerk (s. Abb.) sind die Widerstände $R_1 = 6\ \Omega$,
$R_2 = 5\ \Omega$, $R_3 = 8\ \Omega$, $R_4 = 5,8\ \Omega$ und $R_5 = 10\ \Omega$ gegeben.
Die Quellspannungen betragen $U_1 = 20$ V und $U_2 = 25$ V.
Zeigen Sie: Die Berechnung der Stromstärken I_1, I_2 und I_3
führt auf das folgende LGS:

$$\left(\begin{array}{ccc|c} 11 & -5 & 0 & 20 \\ -5 & 18,8 & -5,8 & 0 \\ 0 & -5,8 & 15,8 & 25 \end{array}\right)$$

Lösen Sie dieses LGS.

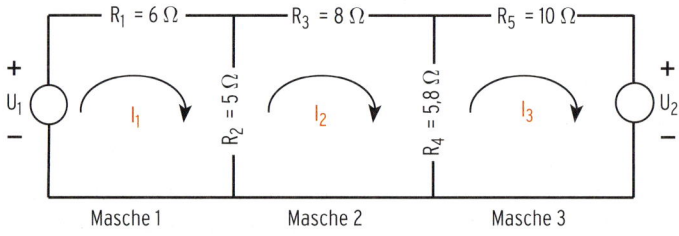

6 Die Gesamtkosten K eines Betriebs lassen sich durch eine Polynomfunktion 3. Grades
berechnen.

Produktionsmenge x in ME	0	2	4	6
Gesamtkosten in GE	18	30	42	102

Bestimmen Sie den Funktionsterm aus der Tabelle mithilfe eines linearen Gleichungssystems.

Test zur Überprüfung Ihrer Grundkenntnisse

1 Untersuchen Sie das LGS auf Lösbarkeit. Bestimmen Sie gegebenenfalls den Lösungsvektor.

a) $3x_1 + 2x_2 - x_3 = -2$
$2x_1 - 3x_2 + x_3 = 9$
$4x_2 + x_3 = -7$

b) $\begin{pmatrix} 2 & 1 & 1 & | & -2 \\ 0 & 2 & -1 & | & 0 \\ 4 & 4 & 1 & | & -4 \end{pmatrix}$

c) $\begin{pmatrix} 1 & 2 & 0 & | & -3 \\ 1 & 3 & 4 & | & -2 \\ 0 & 1 & 4 & | & 5 \end{pmatrix}$

2 Zeigen Sie: Das LGS ist mehrdeutig lösbar.
$x_1 + 4x_2 + x_3 = 10$
$x_1 + 2x_2 + x_3 = 8$
$x_1 + x_2 + x_3 = 7$

3 Bestimmen Sie den Lösungsvektor des Gleichungssystems.

a) $x_1 + 8x_2 = -1$
$x_1 + 2x_2 = 2$
$2x_1 + 6x_2 = 3$

b) $2x_1 + 3x_2 - 5x_3 = -1$
$-x_1 - x_2 + 3x_3 = 1$

4 Gegeben ist folgendes Gleichungssystem:
$2x_1 + x_2 + 3x_3 = 3$
$x_1 - x_2 + 4x_3 = 3$
$4x_1 + 3x_2 + 11x_3 = 5$

Geben Sie eine Lösung des Gleichungssystems an, bei der $x_3 = 0$ ist.

5 Für ein Klassenfest kaufen drei Schüler im gleichen Getränkemarkt Mineralwasser (M), Saft (S) und Cola (C) ein. Die Tabelle gibt die Anzahl der gekauften Gebinde an.

	Mineralwasser (M)	Saft (S)	Cola (C)
Schüler 1	2	4	5
Schüler 2	3	2	6
Schüler 3	2	5	5

Die Finkäufer legen der Klassenkasse Belege über 80 Euro, 75 Euro und 89 Euro vor. Wie viel Gewinn erwirtschaftet die Klasse, wenn alle Getränke verkauft werden und der Verkaufspreis von M 20 %, der von S 30 % und der von C 25 % über dem jeweiligen Einkaufspreis liegt?

II Vektorielle Geometrie

Modellierung einer Situation

Die Gemeinde Bankelitzhofen möchte ihre Freilicht-
bühne überdachen. Der Grundriss der Bühne ist das
Viereck ABCD (siehe Abb.).
Dieses Viereck liegt in der x_1x_2-Ebene.
Die Bühne soll ein schräg liegendes Dach erhalten,
dessen Ecken sich senkrecht über den Punkten A, B,
C und D befinden. Dazu werden an den Punkten A, B
und C senkrechte Masten aufgestellt. Die Masthöhen
betragen 4 m bei A, 2 m bei B und 3 m bei C.

a) Geben Sie die Gleichung der Ebene in
   Koordinatenform an, in der das Dach
   liegt. In welcher Höhe befindet sich die
   Ecke des Daches, die senkrecht über D
   liegt?

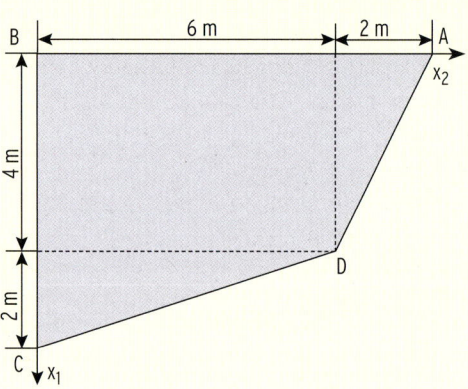

b) Damit das Regenwasser gut abläuft,
   soll der Winkel zwischen der Ebene,
   die das Dach enthält und dem Boden
   (x_1x_2-Ebene) mindestens 15° betragen.
   Überprüfen Sie, ob diese Bedingung
   erfüllt ist.

c) Das Dach wird durch den Balken s
   getragen, der die oberen Enden der bei A und C aufgestellten Masten verbindet.
   Berechnen Sie die Länge des Balkens s. Ein Querbalken verbindet die Ecke des Dachs,
   die über D liegt, senkrecht mit dem Balken s. Wie lang muss dieser Querbalken sein?

d) Das Dach wird während der Bauphase mit einer Schutzfolie überzogen. Wie viel m² Folie
   werden benötigt?

Bearbeiten Sie diese Situation, nachdem
Sie die rechts aufgeführten **Qualifikationen
und Kompetenzen** erworben haben.

Qualifikationen & Kompetenzen

- Mit Vektoren rechnen
- Geraden- und Ebenengleichungen
  aufstellen
- Gegenseitige Lage von Geraden
  und Ebenen untersuchen
- Abstände und Winkel berechnen
- Flächen- und Volumenberechnun-
  gen an Objekten im Raum durch-
  führen
- Realitätsbezogene Zusammen-
  hänge mathematisch modellieren

1 Punkte

Um den Hydranten zu finden, geht man vom Schild (Bezugspunkt)
3,8 m nach vorne und 1,9 m nach rechts. Durch diese zwei Zahlen ist
ein Punkt (in der Ebene) eindeutig bestimmt: P(3,8 | 1,9).
Betrachtet man einen Punkt im Raum (z. B. Position eines Vogelhau-
ses), benötigt man für die Höhe noch eine dritte Zahl, z. B. 2 (m).
Angabe des Punktes mithilfe von drei Zahlen: P(3,8 | 1,9 | 2).

Erläuterung zur Darstellung im dreidimensionalen Raum

Bezeichnung der Achsen:
x_1-, x_2- und x_3-Achse
Zur **Darstellung des Koordinatensystems**
zeichnet man meist die positive x_1-Achse
in einem Winkel von 135° gegenüber der
x_2-Achse (Schrägbildwinkel).
Dabei wählt man für die x_2-Achse und
x_3-Achse: 1 LE $\triangleq$ 1 cm,
für die x_1-Achse: 1 LE $\triangleq$ 0,5 $\sqrt{2}$ cm.

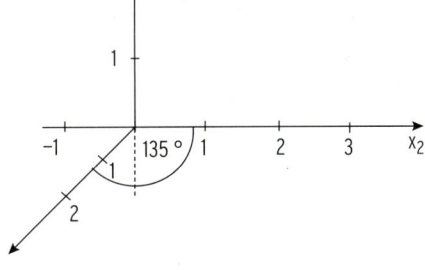

Lage des Punktes A(2 | 3 | 1,5)
Vom Ursprung O **(Bezugspunkt)** geht man
2 in Richtung der x_1-Achse: R(2 | 0 | 0)
3 in Richtung der x_2-Achse: P(2 | 3 | 0)
1,5 in Richtung der x_3-Achse: A(2 | 3 | 1,5)
A(x_1 | x_2 | x_3) = A(2 | 3 | 1,5).

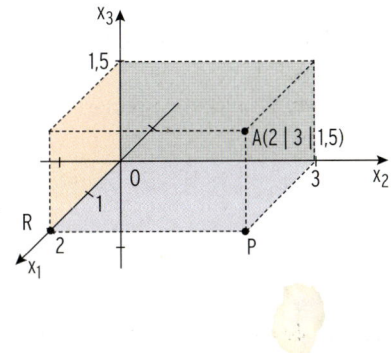

Weitere Punkte
S(−1 | 0 | 0) auf der x_1-Achse.
Q(1 | 3 | 0) in der x_1x_2-Ebene.
T(0 | −1 | 1) in der x_2x_3-Ebene.

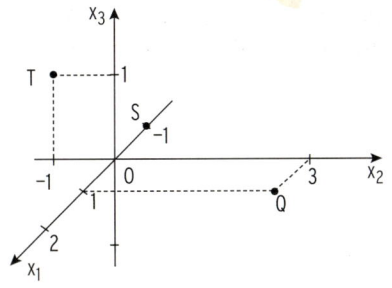

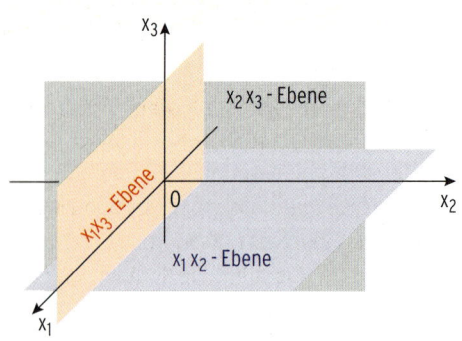

Beachten Sie:

Der Punkt $P(x_1 \mid x_2 \mid x_3)$ liegt in der

$\begin{cases} x_1x_2\text{-Ebene} \\ x_2x_3\text{-Ebene, wenn} \\ x_1x_3\text{-Ebene} \end{cases} \begin{cases} x_3 = 0 \\ x_1 = 0 \quad \text{ist.} \\ x_2 = 0 \end{cases}$

Der Punkt $P(x_1 \mid x_2 \mid x_3)$ liegt auf der

$\begin{cases} x_1\text{-Achse} \\ x_2\text{-Achse, wenn} \\ x_3\text{-Achse} \end{cases} \begin{cases} x_2 = 0 \land x_3 = 0 \\ x_1 = 0 \land x_3 = 0 \quad \text{ist.} \\ x_1 = 0 \land x_2 = 0 \end{cases}$

Beispiel

⮕ Der Punkt $P(x_1 \mid x_2 \mid x_3)$ liegt im räumlichen Koordinatensystem (Anschauungsraum). Wo liegen alle Punkte P, wenn für die Koordinaten gilt:

a) $x_1 = 0$

b) $x_1 = 2$ und $x_2 = 3$?

Lösung

a) Z. B. $P_1(0 \mid 1 \mid 0,5)$ und $P_2(0 \mid -1 \mid 1)$ erfüllen die Bedingung $x_1 = 0$.
Die Punkte $P(0 \mid x_2 \mid x_3)$ liegen in der x_2x_3-Ebene.

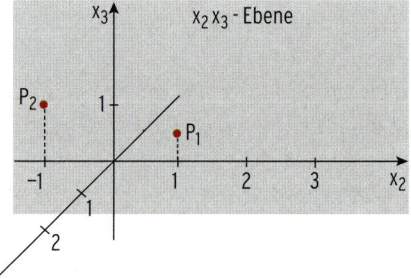

b) Z. B. $A(2 \mid 3 \mid 0)$; $B(2 \mid 3 \mid 1)$; $C(2 \mid 3 \mid 2)$
Die Punkte $P(2 \mid 3 \mid x_3)$ liegen auf einer Parallelen zur x_3-Achse durch den Punkt $A(2 \mid 3 \mid 0)$.

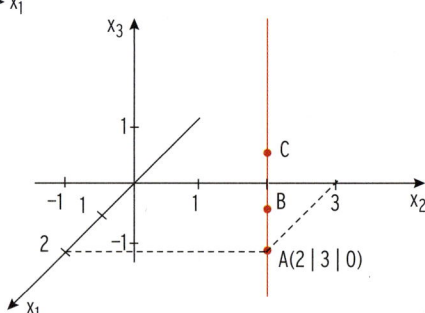

Aufgaben

1 Der Punkt $P(x_1 | x_2 | x_3)$ liegt im räumlichen Koordinatensystem.
Wo liegen alle Punkte P, wenn für die Koordinaten gilt:

a) $x_1 = x_3 = 0$ b) $x_1 = 1$ c) $x_1 = 0$ und $x_2 = 1$?

2 Entnehmen Sie aus der Zeichnung die Koordinaten
der Eckpunkte des Quaders.
Bestimmen Sie die Koordinaten der Kantenmitten.
Berechnen Sie die Länge der Diagonalen AC.

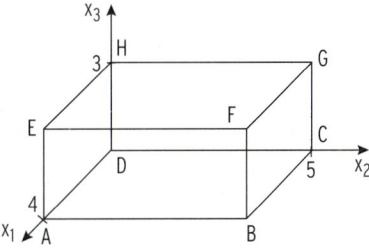

3 Gegeben sind die Punkte $A(-1 | 2 | 0)$, $B(0 | 3 | 0)$ und $C(2 | 4 | -1)$.

a) Die Punkte A, B und C werden um 2 in x_3-Richtung verschoben.
Wo liegen die Bildpunkte?

b) Die Punkte A, B und C werden an den Koordinatenebenen gespiegelt.
Bestimmen Sie die Koordinaten der Bildpunkte bei Spiegelung an der
• x_1x_2-Ebene,   • x_1x_3-Ebene,   • x_2x_3-Ebene.

4 In einem räumlichen Koordinatensystem
ist eine Garage festgelegt durch die
Eckpunkte A, B, C, D, E, F, G und H.
Die Garage ist vorne 4 m und hinten nur
3 m hoch. Zur Unterbringung von
Gartengeräten ist ein Abstellraum
angebaut, der durch die Punkte D, C, P,
Q, G, H festgelegt ist. P liegt auf der
Verlängerung von BC (siehe Zeichnung;
Maße in Meter).
Entnehmen Sie der Zeichnung die
Koordinaten aller Punkte.

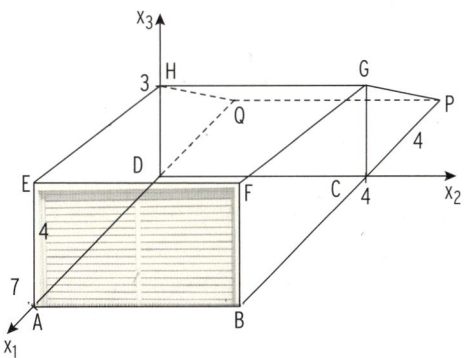

5 Die Punkte O, A, B und C sind die Eckpunkte einer
Dreieckspyramide.
Berechnen Sie den Inhalt dieser Dreieckspyramide.

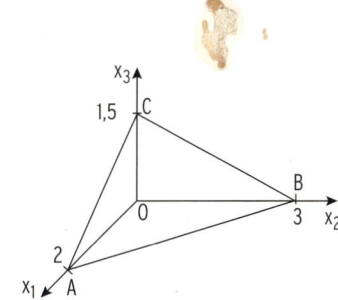

2 Vektoren

Die Pfeile repräsentieren den „Geschwindigkeitsvektor" eines Flugzeugs.
Die Pfeile sind parallel, gleichlang und
gleichgerichtet.

Verschiebung von Punkten

Das Dreieck ABC soll 3 LE nach rechts und 2 LE
nach oben (parallel) verschoben werden.
Jeder Punkt des Dreiecks ABC wird in derselben
Richtung und um dieselbe Länge verschoben.
Diese Verschiebung kann durch einen Pfeil darge-
stellt werden.
Man sagt: **Parallele, gleichlange und gleichgerich-
tete Pfeile** sind Vertreter (Repräsentanten) dessel-
ben Vektors $\vec{a}$.
Der Vektor $\vec{a}$ hat die Komponenten 3 und 2. Er wird

als Spaltenvektor dargestellt $\vec{a} = \begin{pmatrix} 3 \\ 2 \end{pmatrix}$.

Schreibweise: $\vec{a} = \overrightarrow{AA'} = \overrightarrow{BB'} = \overrightarrow{CC'}$

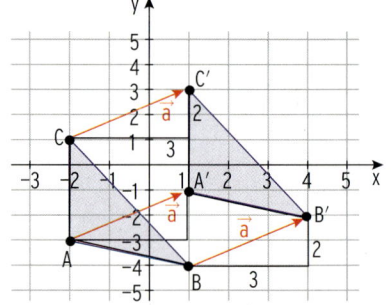

Darstellung eines Vektors im Raum

Um den Vektor $\vec{a} = \begin{pmatrix} 2 \\ 3 \\ 1,5 \end{pmatrix}$ im (rechtwinkligen) x_1, x_2,

x_3-Koordinatensystem darzustellen, zeichnet man
den Punkt A(2 | 3 | 1,5).
Der (Orts-)Vektor $\vec{a}$ wird nun dargestellt durch
einen Pfeil mit Anfangspunkt O und Endpunkt A.

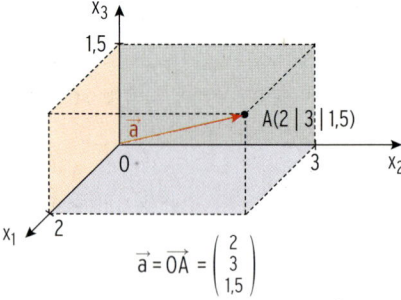

$$\vec{a} = \overrightarrow{OA} = \begin{pmatrix} 2 \\ 3 \\ 1,5 \end{pmatrix}$$

Hinweis: Die **Koordinaten** des Punktes A(a | b | c)
stimmen mit den **Koordinaten** des Orts-

vektors $\overrightarrow{OA} = \begin{pmatrix} a \\ b \\ c \end{pmatrix}$ überein.

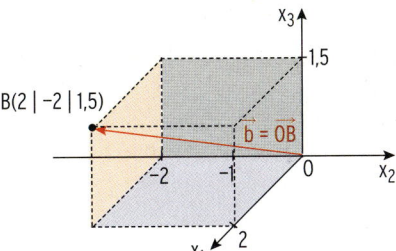

Darstellung des Vektors $\vec{b} = \overrightarrow{OB} = \begin{pmatrix} 2 \\ -2 \\ 1,5 \end{pmatrix}$ im Raum:

Aufgaben

1 Zeichnen Sie in einem Koordinatensystem drei Repräsentanten des Vektors $\vec{a}$.

a) $\vec{a} = \begin{pmatrix} 1 \\ 1 \end{pmatrix}$
b) $\vec{a} = \begin{pmatrix} 1 \\ 2 \end{pmatrix}$
c) $\vec{a} = \begin{pmatrix} -1,5 \\ 3 \end{pmatrix}$
d) $\vec{a} = \begin{pmatrix} -2 \\ -1 \end{pmatrix}$

2 Zeichnen Sie den Vektor $\overrightarrow{OA}$ in ein geeignetes Koordinatensystem ein.

a) A(1 | 1 | 1)
b) A(−2 | 1 | 0)
c) A(4 | 3 | −2)
d) A(2 | 0 | 3)

3 Gegeben sind die Punkte A(−3 | −2); B(−1 | −4) und C(−2 | 2).
Zeichnen Sie das Dreieck ABC in ein Koordinatensystem ein.

Der Vektor $\vec{a} = \begin{pmatrix} 2 \\ 3 \end{pmatrix}$ beschreibt die Verschiebung des Dreiecks ABC.

Zeichnen Sie das verschobene Dreieck in das Koordinatensystem ein.
Geben Sie die Koordinaten der verschobenen Eckpunkte an.

4 Die Abbildung zeigt einen Quader.

a) Geben Sie die folgenden Vektoren an:
$\overrightarrow{OA}, \overrightarrow{OC}, \overrightarrow{OE}, \overrightarrow{AB}, \overrightarrow{DC}, \overrightarrow{AD}, \overrightarrow{EF}$

b) Das Rechteck OGDA wird verschoben und
man erhält das Rechteck EFCB.
Geben Sie den Verschiebungsvektor an.

c) Der Punkt F wird an der $x_1 x_2$-Ebene gespiegelt
und es entsteht der Punkt F*.
Geben Sie den Ortsvektor zu F* an.

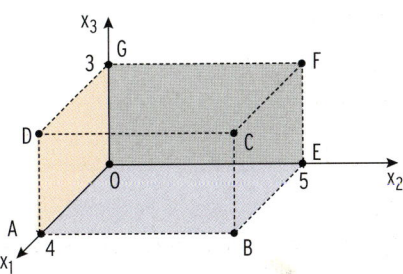

5 Geben Sie die Ortsvektoren $\overrightarrow{OA}, \overrightarrow{OB}$ und $\overrightarrow{OC}$ an.

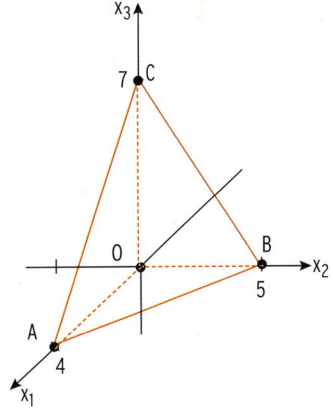

3 Ott, Bohner, Deusch - ISBN 978-3-8120-0638-5

3 Rechnen mit Vektoren

3.1 Addition, Subtraktion und skalare Multiplikation

Addition von Vektoren

Beispiel für eine Vektoraddition: $\vec{a} + \vec{b} = \begin{pmatrix} 2 \\ 1 \end{pmatrix} + \begin{pmatrix} -3 \\ 2 \end{pmatrix}$

Geometrische Deutung der Vektoraddition

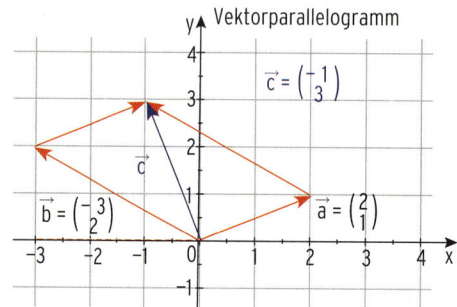

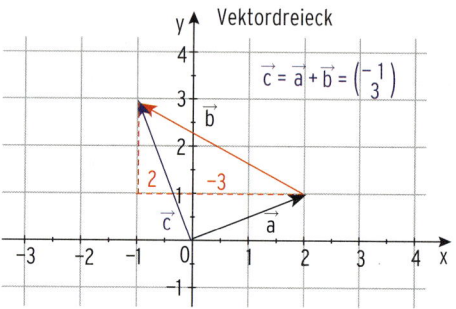

Berechnung: $\qquad \vec{a} + \vec{b} = \begin{pmatrix} 2 \\ 1 \end{pmatrix} + \begin{pmatrix} -3 \\ 2 \end{pmatrix} = \begin{pmatrix} -1 \\ 3 \end{pmatrix}$

Entsprechend gilt: $\qquad \vec{u} + \vec{v} = \begin{pmatrix} 5 \\ 4 \\ -2 \end{pmatrix} + \begin{pmatrix} -1 \\ 0 \\ 6 \end{pmatrix} = \begin{pmatrix} 4 \\ 4 \\ 4 \end{pmatrix}$

Beachten Sie:

Addition von Vektoren: $\vec{a} + \vec{b} = \begin{pmatrix} a_1 \\ a_2 \\ a_3 \end{pmatrix} + \begin{pmatrix} b_1 \\ b_2 \\ b_3 \end{pmatrix} = \begin{pmatrix} a_1 + b_1 \\ a_2 + b_2 \\ a_3 + b_3 \end{pmatrix}$

Vorgehensweise beim Addieren von zwei Vektoren $\vec{a} + \vec{b}$:

Den Pfeil von $\vec{b}$ an den Endpunkt von Pfeil $\vec{a}$ ansetzen,

Der Vektor $\vec{c} = \vec{a} + \vec{b}$ ist dann bestimmt durch den Anfangspunkt von $\vec{a}$ und den Endpunkt des Pfeils von $\vec{b}$.

Beispiele

$\overrightarrow{OA} + \overrightarrow{AC} = \overrightarrow{OC}$

$\overrightarrow{AB} + \overrightarrow{BC} = \overrightarrow{AC}$

$\overrightarrow{OA} + \overrightarrow{AB} = \overrightarrow{OB}$

$\overrightarrow{OA} + \overrightarrow{AB} + \overrightarrow{BC} = \overrightarrow{OC}$

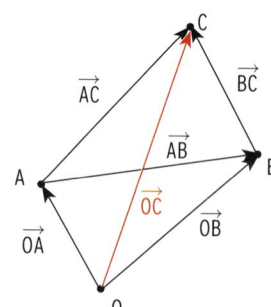

Differenz zweier Vektoren

Beispiel

$$\vec{b} - \vec{a} = \begin{pmatrix} 3 \\ 3 \end{pmatrix} - \begin{pmatrix} -1 \\ 2 \end{pmatrix} = \begin{pmatrix} 4 \\ 1 \end{pmatrix}$$

Geometrische Deutung der Differenz

$\vec{a} + \overrightarrow{AB} = \vec{b}$ $\overrightarrow{AB} = \vec{b} - \vec{a}$

Mit $\vec{a} = \overrightarrow{OA}$ und $\vec{b} = \overrightarrow{OB}$ erhält man:

$\overrightarrow{AB} = \vec{b} - \vec{a} = \overrightarrow{OB} - \overrightarrow{OA}$

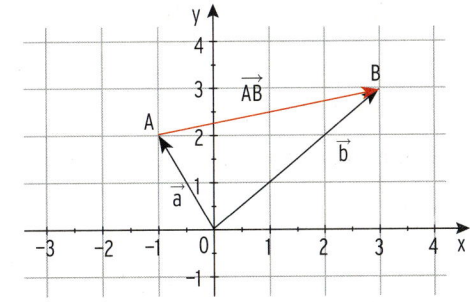

Erläuterung: $-\vec{a}$ ist der Gegenvektor von $\vec{a}$.

Addiert man zum Vektor $\vec{b}$ den **Gegenvektor** von $\vec{a}$, so erhält man den **Differenzvektor** $\vec{b} + (-\vec{a}) = \vec{b} - \vec{a}$.

$$\overrightarrow{AB} = \overrightarrow{OC} = \begin{pmatrix} 4 \\ 1 \end{pmatrix}$$

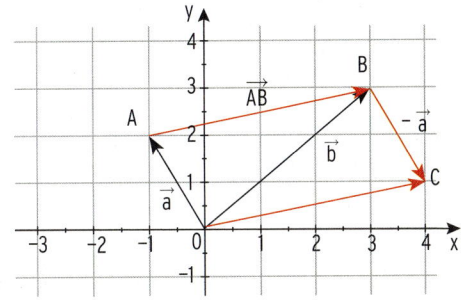

Beispiel

➲ Gegeben sind die Punkte A(5 | 4 | −2) und B(−1 | 0 | 6). Bestimmen Sie $\overrightarrow{AB}$ und $\overrightarrow{BA}$.

Lösung

Zugehörige Ortsvektoren:

$$\overrightarrow{OA} = \begin{pmatrix} 5 \\ 4 \\ -2 \end{pmatrix}; \overrightarrow{OB} = \begin{pmatrix} -1 \\ 0 \\ 6 \end{pmatrix} \quad \overrightarrow{AB} = \overrightarrow{OB} - \overrightarrow{OA} = \begin{pmatrix} -1 \\ 0 \\ 6 \end{pmatrix} - \begin{pmatrix} 5 \\ 4 \\ -2 \end{pmatrix} = \begin{pmatrix} -6 \\ -4 \\ 8 \end{pmatrix}$$

$$\overrightarrow{BA} = \overrightarrow{OA} - \overrightarrow{OB} = \begin{pmatrix} 5 \\ 4 \\ -2 \end{pmatrix} - \begin{pmatrix} -1 \\ 0 \\ 6 \end{pmatrix} = \begin{pmatrix} 6 \\ 4 \\ -8 \end{pmatrix}$$

Beachten Sie:

Für die Punkte A(a_1 | a_2 | a_3) und B(b_1 | b_2 | b_3) mit den zugehörigen Ortsvektoren

$$\overrightarrow{OA} = \begin{pmatrix} a_1 \\ a_2 \\ a_3 \end{pmatrix} \text{ und } \overrightarrow{OB} = \begin{pmatrix} b_1 \\ b_2 \\ b_3 \end{pmatrix} \text{ gilt:}$$

$$\overrightarrow{AB} = \overrightarrow{OB} - \overrightarrow{OA} = \begin{pmatrix} b_1 - a_1 \\ b_2 - a_2 \\ b_3 - a_3 \end{pmatrix}.$$

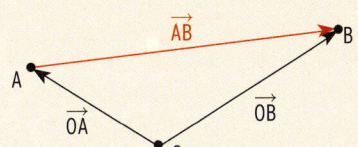

Beispiel

➲ Gegeben sind die Punkte A(−2 | −1 | 3), B(4 | 5 | −2), C(2 | −8 | 6) und D(8 | −2 | 1).
Zeigen Sie, dass $\overrightarrow{AB}$ und $\overrightarrow{CD}$ denselben Vektor repräsentieren.

Lösung

$$\overrightarrow{AB} = \overrightarrow{OB} - \overrightarrow{OA} = \begin{pmatrix} 4-(-2) \\ 5-(-1) \\ -2-3 \end{pmatrix} = \begin{pmatrix} 6 \\ 6 \\ -5 \end{pmatrix}; \quad \overrightarrow{CD} = \overrightarrow{OD} - \overrightarrow{OC} = \begin{pmatrix} 8-2 \\ -2-(-8) \\ 1-6 \end{pmatrix} = \begin{pmatrix} 6 \\ 6 \\ -5 \end{pmatrix}$$

Somit ist gezeigt: $\overrightarrow{AB} = \overrightarrow{CD}$.

Beispiel

➲ Gegeben sind die Punkte A(0 | 1 | 2), B(−1 | 2 | 1) und C(3 | 2 | 0).
Berechnen Sie den Vektor $\overrightarrow{AB} - \overrightarrow{BC}$.

Lösung

$$\overrightarrow{AB} = \begin{pmatrix} -1 \\ 2 \\ 1 \end{pmatrix} - \begin{pmatrix} 0 \\ 1 \\ 2 \end{pmatrix} = \begin{pmatrix} -1 \\ 1 \\ -1 \end{pmatrix}; \quad \overrightarrow{BC} = \begin{pmatrix} 3 \\ 2 \\ 0 \end{pmatrix} - \begin{pmatrix} -1 \\ 2 \\ 1 \end{pmatrix} = \begin{pmatrix} 4 \\ 0 \\ -1 \end{pmatrix}; \quad \overrightarrow{AB} - \overrightarrow{BC} = \begin{pmatrix} -5 \\ 1 \\ 0 \end{pmatrix}$$

Aufgaben

1 Berechnen Sie $\vec{a} + \vec{b}$ bzw. $\vec{a} - \vec{b}$.

a) $\vec{a} = \begin{pmatrix} 2 \\ 1 \\ -4 \end{pmatrix}, \vec{b} = \begin{pmatrix} -7 \\ 5 \\ -4 \end{pmatrix}$
   b) $\vec{a} = \begin{pmatrix} 10 \\ 0,5 \\ -2,5 \end{pmatrix}, \vec{b} = \begin{pmatrix} 3,5 \\ 0 \\ -6 \end{pmatrix}$
   c) $\vec{a} = \begin{pmatrix} 0 \\ 0 \\ -13 \end{pmatrix}, \vec{b} = \begin{pmatrix} -1 \\ 5 \\ -8 \end{pmatrix}$

2 Addieren Sie die Vektoren $\vec{a}$ und $\vec{b}$ geometrisch.

a) $\vec{a} = \begin{pmatrix} 2 \\ -1 \end{pmatrix}, \vec{b} = \begin{pmatrix} -3 \\ 3 \end{pmatrix}$
   b) $\vec{a} = \begin{pmatrix} -4 \\ 3 \end{pmatrix}, \vec{b} = \begin{pmatrix} -1 \\ -2 \end{pmatrix}$
   c) $\vec{a} = \begin{pmatrix} 0 \\ 5 \end{pmatrix}, \vec{b} = \begin{pmatrix} 4 \\ -3 \end{pmatrix}$

3 Gegeben sind die Punkte A und B. Bestimmen Sie $\overrightarrow{AB}$ und $\overrightarrow{BA}$.

a) A(3 | 2 | −2), B(−5 | 3 | −6)
   b) A(−5 | 3 | −3), B(1 | 0 | 0)

4 Gegeben sind die Punkte A(5 | −1 | 2), B(6 | 4 | −2), C(0 | −7 | 8) und D(1 | −2 | 4).
Zeigen Sie: $\overrightarrow{AB} = \overrightarrow{CD}$.

5 Die Abbildung zeigt die Vektoren $\vec{a}$, $\vec{b}$ und $\vec{c}$.
Ein Schüler behauptet: $\vec{c} = \overrightarrow{OA} - \overrightarrow{OB}$.
Nehmen Sie dazu Stellung.

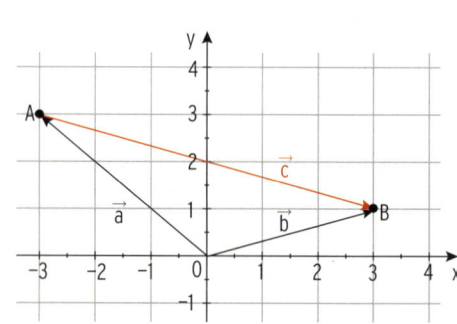

Skalare Multiplikation

Die **skalare Multiplikation** ist die Multiplikation eines Vektors mit einer reellen Zahl (Skalar).

Beispiele

$$3 \cdot \begin{pmatrix} 2 \\ 1 \end{pmatrix} = \begin{pmatrix} 6 \\ 3 \end{pmatrix} \qquad -5 \cdot \begin{pmatrix} 5 \\ 4 \\ -2 \end{pmatrix} = \begin{pmatrix} -25 \\ -20 \\ 10 \end{pmatrix} \qquad 0 \cdot \begin{pmatrix} 3 \\ -2 \\ 7 \end{pmatrix} = \begin{pmatrix} 0 \\ 0 \\ 0 \end{pmatrix} = \vec{o} \qquad 0 \cdot \vec{a} = \vec{o}$$

Hinweis: Der Vektor $\vec{o} = \begin{pmatrix} 0 \\ 0 \\ 0 \end{pmatrix}$ heißt Nullvektor.

Beachten Sie:

Skalare Multiplikation: Ein Vektor $\vec{a}$ wird mit einer reellen Zahl k multipliziert, indem man jede Koordinate von $\vec{a}$ mit der reellen Zahl k multipliziert.

$$k \cdot \vec{a} = k \cdot \begin{pmatrix} a_1 \\ a_2 \\ a_3 \end{pmatrix} = \begin{pmatrix} k \cdot a_1 \\ k \cdot a_2 \\ k \cdot a_3 \end{pmatrix}$$

Geometrische Deutung der skalaren Multiplikation

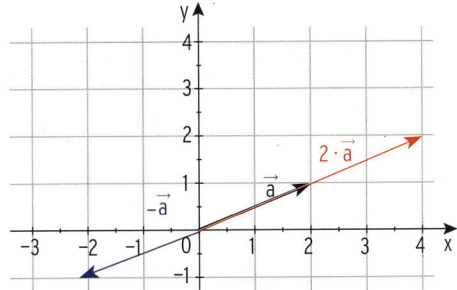 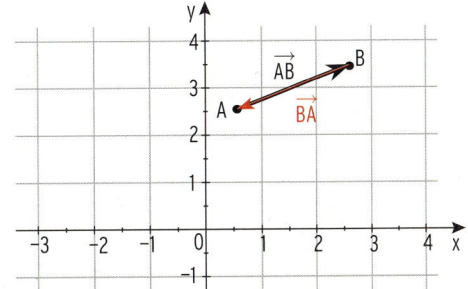

Bemerkung: Zwei Vektoren $\vec{a}$ und $\vec{b}$ sind parallel (linear abhängig), wenn es ein k gibt, sodass $\vec{a} = k \cdot \vec{b}$ ($\vec{a}$ ist skalares Vielfaches von $\vec{b}$).
Zwei parallele Vektoren heißen auch kollinear.
Zwei **nichtparallele** Vektoren sind linear **unabhängig**.

Beispiel

➲ Gegeben sind die Vektoren $\vec{a} = \begin{pmatrix} 2 \\ 3 \\ -5 \end{pmatrix}$ und $\vec{b} = \begin{pmatrix} -\frac{1}{3} \\ -\frac{1}{2} \\ \frac{5}{6} \end{pmatrix}$. Sind die Vektoren $\vec{a}$ und $\vec{b}$ parallel?

Lösung

Gesucht ist $k \in \mathbb{R}$, sodass $\vec{a} = k \cdot \vec{b}$.

$$\begin{pmatrix} 2 \\ 3 \\ -5 \end{pmatrix} = k \cdot \begin{pmatrix} -\frac{1}{3} \\ -\frac{1}{2} \\ \frac{5}{6} \end{pmatrix}$$

$$2 = -\frac{1}{3}k$$
$$3 = -\frac{1}{2}k$$
$$-5 = \frac{5}{6}k$$

Für k = −6 erhält man drei wahre Aussagen. $\vec{a}$ und $\vec{b}$ sind **parallel (linear abhängig)**.

Linearkombination von Vektoren

Man nennt eine Summe $r \cdot \vec{a} + s \cdot \vec{b}$ mit $r, s \in \mathbb{R}$, eine **Linearkombination** von $\vec{a}$ und $\vec{b}$.

Beispiele

$$2\vec{a} + 4\vec{b} = 2\begin{pmatrix} 2 \\ 1 \end{pmatrix} + 4\begin{pmatrix} -3 \\ 2 \end{pmatrix} = \begin{pmatrix} -8 \\ 10 \end{pmatrix} \qquad 4\vec{u} - 5\vec{v} = 4\begin{pmatrix} 5 \\ 4 \\ -2 \end{pmatrix} - 5\begin{pmatrix} -1 \\ 0 \\ 6 \end{pmatrix} = \begin{pmatrix} 25 \\ 16 \\ -38 \end{pmatrix}$$

Geometrische Deutung einer Linearkombination

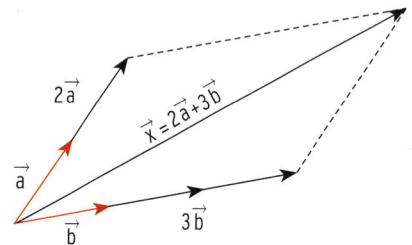

Beispiel

➜ Gegeben sind die Punkte A(2 | 3 | 7), B(1| 3 | 0) und C(4 | −1 | 2).
Berechnen Sie den Vektor $\overrightarrow{AB} - 3\overrightarrow{BC} + \overrightarrow{AC}$ bzw. den Vektor $\overrightarrow{AB} + \overrightarrow{BC} - \overrightarrow{AC}$.

Lösung

$$\overrightarrow{AB} = \begin{pmatrix} 1 \\ 3 \\ 0 \end{pmatrix} - \begin{pmatrix} 2 \\ 3 \\ 7 \end{pmatrix} = \begin{pmatrix} -1 \\ 0 \\ -7 \end{pmatrix}; \quad \overrightarrow{BC} = \begin{pmatrix} 4 \\ -1 \\ 2 \end{pmatrix} - \begin{pmatrix} 1 \\ 3 \\ 0 \end{pmatrix} = \begin{pmatrix} 3 \\ -4 \\ 2 \end{pmatrix}; \quad \overrightarrow{AC} = \begin{pmatrix} 4 \\ -1 \\ 2 \end{pmatrix} - \begin{pmatrix} 2 \\ 3 \\ 7 \end{pmatrix} = \begin{pmatrix} 2 \\ -4 \\ -5 \end{pmatrix}$$

$$\overrightarrow{AB} - 3\overrightarrow{BC} + \overrightarrow{AC} = \begin{pmatrix} -1 \\ 0 \\ -7 \end{pmatrix} - 3\begin{pmatrix} 3 \\ -4 \\ 2 \end{pmatrix} + \begin{pmatrix} 2 \\ -4 \\ -5 \end{pmatrix} = \begin{pmatrix} -8 \\ 8 \\ -18 \end{pmatrix}$$

$$\overrightarrow{AB} + \overrightarrow{BC} - \overrightarrow{AC} = \begin{pmatrix} -1 \\ 0 \\ -7 \end{pmatrix} + \begin{pmatrix} 3 \\ -4 \\ 2 \end{pmatrix} - \begin{pmatrix} 2 \\ -4 \\ -5 \end{pmatrix} = \begin{pmatrix} 0 \\ 0 \\ 0 \end{pmatrix}$$

Hinweis: Geschlossene Vektorkette $\overrightarrow{AB} + \overrightarrow{BC} + (-\overrightarrow{AC}) = \vec{o}$.
Die Summe der Vektoren einer geschlossenen Vektorkette ergibt den Nullvektor.

Beispiel

➜ Gegeben sind Vektoren $\vec{a} = \begin{pmatrix} -2 \\ -2 \\ -1 \end{pmatrix}$, $\vec{b} = \begin{pmatrix} -1 \\ 5 \\ 1 \end{pmatrix}$ und $\vec{c} = \begin{pmatrix} -2 \\ 4 \\ 0,5 \end{pmatrix}$.
Der Vektor $\vec{d}$ ist festgelegt durch $\vec{d} = \vec{a} + 2\vec{b}$.
Zeigen Sie: Die Vektoren $\vec{d}$ und $\vec{c}$ sind linear abhängig.

Lösung

$$\vec{d} = \vec{a} + 2\vec{b} = \begin{pmatrix} -2 \\ -2 \\ -1 \end{pmatrix} + 2\begin{pmatrix} -1 \\ 5 \\ 1 \end{pmatrix} = \begin{pmatrix} -2 \\ -2 \\ -1 \end{pmatrix} + \begin{pmatrix} -2 \\ 10 \\ 2 \end{pmatrix} = \begin{pmatrix} -4 \\ 8 \\ 1 \end{pmatrix} = \frac{1}{2}\begin{pmatrix} -2 \\ 4 \\ 0,5 \end{pmatrix} = \frac{1}{2}\vec{c}$$

Der Vektor $\vec{d}$ ist ein Vielfaches von $\vec{c}$.
Damit sind die Vektoren $\vec{d}$ und $\vec{c}$ linear abhängig.

Beispiel

➲ Gegeben sind die Vektoren $\vec{a} = \begin{pmatrix} 2 \\ -1 \\ 4 \end{pmatrix}$, $\vec{b} = \begin{pmatrix} 1 \\ 3 \\ -5 \end{pmatrix}$ und $\vec{c} = \begin{pmatrix} 0 \\ -7 \\ 14 \end{pmatrix}$.

Bestimmen Sie r und s so, dass gilt: $r\vec{a} + s\vec{b} = \vec{c}$.

Lösung

Vektorgleichung $r\vec{a} + s\vec{b} = \vec{c}$: $\qquad r\begin{pmatrix} 2 \\ -1 \\ 4 \end{pmatrix} + s\begin{pmatrix} 1 \\ 3 \\ -5 \end{pmatrix} = \begin{pmatrix} 0 \\ -7 \\ 14 \end{pmatrix}$

Dies entspricht dem LGS: $\qquad \begin{matrix} r & s & \\ \end{matrix}$
$$\left(\begin{array}{cc|c} 2 & 1 & 0 \\ -1 & 3 & -7 \\ 4 & -5 & 14 \end{array}\right)$$

Umformung: $\qquad \left(\begin{array}{cc|c} 2 & 1 & 0 \\ 0 & 7 & -14 \\ 0 & -7 & 14 \end{array}\right)$

$$\left(\begin{array}{cc|c} 2 & 1 & 0 \\ 0 & 7 & -14 \\ 0 & 0 & 0 \end{array}\right)$$

Ergebnis: $s = -2$, $r = 1$

Das LGS ist eindeutig lösbar.

Beispiel

➲ Gegeben sind die Punkte A(2 | −2 | 1), B(3 | 3 | 1), C(1,5 | 1,5 | 3) und D(1 | −1 | 3).

a) Zeigen Sie: Das Viereck ABCD ist ein Trapez und kein Parallelogramm.

b) Bestimmen Sie den Mittelpunkt der Diagonale BD.

Lösung

a) Das Viereck ABCD ist ein **Trapez,** wenn im Viereck ABCD **zwei Seiten parallel** sind.

Zu zeigen ist: $\overrightarrow{AB} = \overrightarrow{DC}$ (oder $\overrightarrow{AD} = \overrightarrow{BC}$).

Mit $\overrightarrow{AB} = \begin{pmatrix} 1 \\ 5 \\ 0 \end{pmatrix}$ und $\overrightarrow{DC} = \begin{pmatrix} 0,5 \\ 2,5 \\ 0 \end{pmatrix}$ folgt: $\overrightarrow{AB} = 2\,\overrightarrow{DC}$ d.h., $\overrightarrow{AB}$ und $\overrightarrow{DC}$ sind parallel.

Das Viereck ABCD ist ein Trapez.

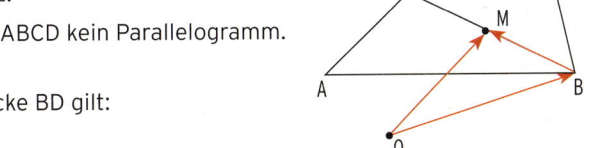

Wegen $\overrightarrow{AB} \neq \overrightarrow{DC}$ ist das Trapez ABCD kein Parallelogramm.

b) Für den Mittelpunkt M der Strecke BD gilt:

$\overrightarrow{OM} = \overrightarrow{OB} + \frac{1}{2}\overrightarrow{BD}$.

Mit $\overrightarrow{BD} = \begin{pmatrix} 1 \\ -1 \\ 3 \end{pmatrix} - \begin{pmatrix} 3 \\ 3 \\ 1 \end{pmatrix} = \begin{pmatrix} -2 \\ -4 \\ 2 \end{pmatrix}$ erhält man: $\overrightarrow{OM} = \begin{pmatrix} 3 \\ 3 \\ 1 \end{pmatrix} + \frac{1}{2}\begin{pmatrix} -2 \\ -4 \\ 2 \end{pmatrix} = \begin{pmatrix} 2 \\ 1 \\ 2 \end{pmatrix}$

Koordinaten von M: M(2 | 1 | 2)

Hinweis: $\overrightarrow{OM} = \overrightarrow{OD} + \frac{1}{2}\overrightarrow{DB}$

Beispiel

⮮ Die Punkte A(2 | 1 | 3), B(4 | 3 | 4), C(5 | 5 | 3) und D(3 | 3 | 2) bilden ein Viereck.

a) Zeigen Sie, dass die Punkte A, B, C und D in dieser Reihenfolge die Eckpunkte eines Parallelogramms sind.

b) Die Diagonalen dieses Parallelogramms schneiden sich in S. Bestimmen Sie die Koordinaten von S.

Lösung

a) Bei positivem Umlaufsinn sind die Punkte A, B, C und D die Eckpunkte eines Parallelogramms, d. h., die Vektoren $\overrightarrow{AB}$ und $\overrightarrow{DC}$ müssen gleich sein.

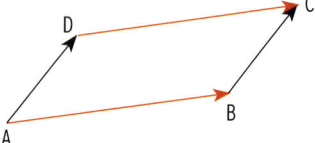

Zu zeigen ist: $\overrightarrow{AB} = \overrightarrow{DC}$.

$$\overrightarrow{AB} = \begin{pmatrix} 4 \\ 3 \\ 4 \end{pmatrix} - \begin{pmatrix} 2 \\ 1 \\ 3 \end{pmatrix} = \begin{pmatrix} 2 \\ 2 \\ 1 \end{pmatrix}; \quad \overrightarrow{DC} = \begin{pmatrix} 5 \\ 5 \\ 3 \end{pmatrix} - \begin{pmatrix} 3 \\ 3 \\ 2 \end{pmatrix} = \begin{pmatrix} 2 \\ 2 \\ 1 \end{pmatrix}$$

Die Bedingung $\overrightarrow{AB} = \overrightarrow{DC}$ ist erfüllt. Das Viereck ABCD ist ein Parallelogramm.

Hinweis: Es ist auch möglich, $\overrightarrow{BC} = \overrightarrow{AD}$ zu zeigen.

b) **Die Diagonalen eines Parallelogramms halbieren sich.**

Es gilt: $\overrightarrow{OS} = \overrightarrow{OA} + \frac{1}{2}\overrightarrow{AC} = \overrightarrow{OA} + \frac{1}{2}(\overrightarrow{OC} - \overrightarrow{OA})$

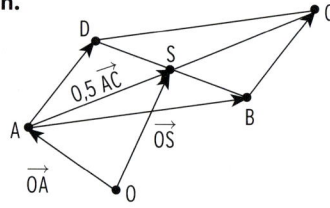

$$= \overrightarrow{OA} + \frac{1}{2}\overrightarrow{OC} - \frac{1}{2}\overrightarrow{OA} = \frac{1}{2}\overrightarrow{OA} + \frac{1}{2}\overrightarrow{OC}$$

$$= \frac{1}{2}(\overrightarrow{OA} + \overrightarrow{OC})$$

$$\overrightarrow{OS} = \frac{1}{2}\left(\begin{pmatrix} 2 \\ 1 \\ 3 \end{pmatrix} + \begin{pmatrix} 5 \\ 5 \\ 3 \end{pmatrix} \right) = \frac{1}{2} \begin{pmatrix} 7 \\ 6 \\ 6 \end{pmatrix} = \begin{pmatrix} 3,5 \\ 3 \\ 3 \end{pmatrix}$$

Koordinaten von S: S(3,5 | 3 | 3)

Beachten Sie:

Für den **Mittelpunkt** M der Strecke AB gilt:

$$\overrightarrow{OM} = \overrightarrow{OA} + \frac{1}{2}\overrightarrow{AB} \quad \text{bzw.} \quad \overrightarrow{OM} = \frac{1}{2}(\overrightarrow{OA} + \overrightarrow{OB})$$

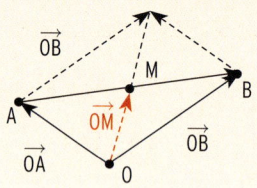

Aufgaben

1 Gegeben sind die Vektoren $\vec{a} = \begin{pmatrix} 5 \\ -3 \\ 2 \end{pmatrix}$ und $\vec{b} = \begin{pmatrix} -3 \\ -4 \\ 7 \end{pmatrix}$.

Bestimmen Sie $\vec{x}$, wenn gilt:

a) $\vec{x} = 3\vec{a} + 2{,}5\vec{b}$ b) $\vec{x} = -(2\vec{a} - 4\vec{b})$ c) $3\vec{a} + 5\vec{x} = 2(\vec{a} - 3\vec{b})$

2 Gegeben sind die Punkte A(1 | 3 | 2), B(4 | −5| −2) und C(−1 | −2 | −4).

Bestimmen Sie die Vektoren

$\overrightarrow{AB}$, $\overrightarrow{BA}$, $\overrightarrow{AC}$, $\overrightarrow{CB} - \overrightarrow{CA}$ und $\overrightarrow{AB} - 4\overrightarrow{AC} + 2\overrightarrow{BA}$.

3 Bestimmen Sie r und s so, dass gilt: $r\begin{pmatrix} 4 \\ -1 \\ 2 \end{pmatrix} + s\begin{pmatrix} 1 \\ 2 \\ 5 \end{pmatrix} - \begin{pmatrix} 5 \\ -8 \\ -11 \end{pmatrix} = \begin{pmatrix} 0 \\ 0 \\ 0 \end{pmatrix}$.

4 Gegeben sind die Punkte A(2 | 1 | 3), B(4 | −1 | 5) und C(4 | 2 | −7).

Bestimmen Sie die Koordinaten des Punktes D bzw. E, wenn gilt:

$2\overrightarrow{AB} + 3\overrightarrow{AD} = \overrightarrow{BC}$ bzw. $3\overrightarrow{EA} - 2\overrightarrow{EB} = \overrightarrow{CE}$.

5 Gegeben sind die Punkte A(1 | 4 | 5), B(2 | 3 | 6) und C(1 | −2 | 7).

Sind die Vektoren $\overrightarrow{AB}$ und $\overrightarrow{AC}$ linear abhängig? Interpretieren Sie Ihr Ergebnis.

6 Zwei Kinder ziehen eine Blumendekoration durch den Garten (siehe Abbildung).

Die Kraft des einen Kindes wird dargestellt durch den Vektor $\vec{F}_1 = \begin{pmatrix} -2 \\ 5 \\ 2 \end{pmatrix}$,

die des anderen Kindes durch $\vec{F}_2 = \begin{pmatrix} -2 \\ -3 \\ 3 \end{pmatrix}$.

Bestimmen Sie die resultierende Kraft $\vec{F} = \vec{F}_1 + \vec{F}_2$.

7 Der Geschwindigkeitsvektor eines Flugzeuges (ohne Windströmung) ist gegeben durch

$\vec{v}_F = \begin{pmatrix} -200 \\ 360 \\ 10 \end{pmatrix}$, der des Windes durch $\vec{v}_W = \begin{pmatrix} 40 \\ 30 \\ 5 \end{pmatrix}$. Die Komponenten sind in $\frac{km}{h}$ angegeben.

Berechnen Sie den resultierenden Geschwindigkeitsvektor $\vec{v} = \vec{v}_F + \vec{v}_W$.

8 Bestimmen Sie die Koordinaten des Mittelpunktes der Strecke AB.

a) A(−1 | 3), B(−2 | 6)   b) A(2 | 3 | −1), B(−5 | 6 | 7)

9 Gegeben ist die Strecke AB mit Mittelpunkt M.

Zeigen Sie: Für jeden Punkt C der Ebene gilt: $\overrightarrow{CA} + \overrightarrow{CB} = 2\overrightarrow{CM}$.

10 In einem kartesischen Koordinatensystem sind
die Punkte A(4 | 0 | 0), B(4 | 3 | 0),
C(1 | 3 | 0) und E(5 | 2 | 3) gegeben.
Die Eckpunkte A, B, C, D, E, F, G und H sind
die Eckpunkte eines schiefen Prismas.
Geben Sie die Koordinaten der Punkte
D, F, G und H an.

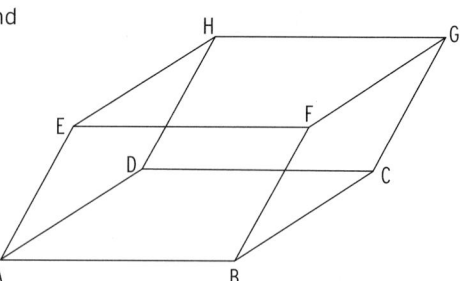

11 Gegeben sind die Punkte A(1 | 1 | 0),
B(0 | 2 | 3) und C(1 | 0 | 6).

a) Bestimmen Sie den Punkt D, sodass das Viereck ABCD ein Parallelogramm ist.

b) Die Diagonalen dieses Parallelogramms schneiden sich in S.
Bestimmen Sie die Koordinaten von S.

12 Die Punkte A, B, C und D bilden das Parallelogramm ABCD.

Gegeben sind die Punkte B(−1 | 2 | 3) und C(2 | 3 | −4) sowie der Vektor $\overrightarrow{AB} = \begin{pmatrix} 2 \\ 1 \\ -1 \end{pmatrix}$.

a) Berechnen Sie die Koordinaten der Punkte A und D.

b) Beschreiben Sie die Diagonalen des Parallelogramms jeweils durch einen Vektor.

13 Gegeben sind die Punkte A(4 | −1 | 2), B(8 | 7 | 6), C(8 | 7 | 7) und D(6 | 3 | 5).

a) Zeigen Sie rechnerisch: Das Viereck ABCD ist ein Trapez und kein Parallelogramm.

b) Bestimmen Sie den Mittelpunkt der Diagonale AC.

14 Die Punkte A(5 | 4 | 0), B(−3 | 2 | −2), C(−3 | −4 | 4) und D(5 | −2 | 6) bilden das
Viereck ABCD. Zeigen Sie, dass sich die Diagonalen AC und BD halbieren.

15 Gegeben sind die Punkte A(2 | 0 | 3), B(3 | 4 | 5), C(3 | 8 | 0) und D(2 | 2 | 0,5).

a) Bestimmen Sie den Mittelpunkt M der Strecke BC.

b) Ist das Viereck ADMB ein Parallelogramm? Überprüfen Sie.

c) Zeigen Sie, dass die Strecken AC und DM den gleichen Mittelpunkt besitzen.
Bestimmen Sie die Koordinaten des Mittelpunktes.

16 Gegeben sind die Punkte A(3 | 0 | 0), B(0 | 4 | 0) und C(0 | 0 | 5).

a) Zeichnen Sie das Dreieck ABC in ein Koordinatensystem.

b) M_1 ist der Mittelpunkt der Strecke AB, der Mittelpunkt der Strecke BC heißt M_2.
Zeigen Sie: Die Strecke M_1M_2 ist parallel zur Strecke AC und halb so lang wie diese.

17 Ein Flugzeug fliegt geradlinig
durch die Punkte A(4 | 2 | 2,5)
und B(14 | 9 | 3). Voraus
befindet sich ein Berg mit der
Bergspitze T(54 | 37 | 3,5).
(1 LE ≙ 1 km)

Liegt die Bergspitze auf der Flugbahn? Begründen Sie Ihre Antwort rechnerisch.

3.2 Skalarprodukt

Betrag eines Vektors

Beispiel

➲ Gegeben ist der Punkt A(3 | 8 | 2).
   Berechnen Sie den Betrag (die Länge) des Vektors $\vec{a} = \overrightarrow{OA}$.

Lösung
Für die Länge $|\vec{a}|$ erhält man mit dem Satz des
Pythagoras:
$|\vec{a}| = |\overrightarrow{OA}| = \sqrt{3^2 + 8^2 + 2^2} = \sqrt{77} \approx 8{,}77$

Für einen Vektor $\vec{a} = \begin{pmatrix} 3 \\ 8 \\ 2 \end{pmatrix}$ gilt:

$|\vec{a}| = \left\| \begin{pmatrix} 3 \\ 8 \\ 2 \end{pmatrix} \right\| = \sqrt{77} \approx 8{,}77$

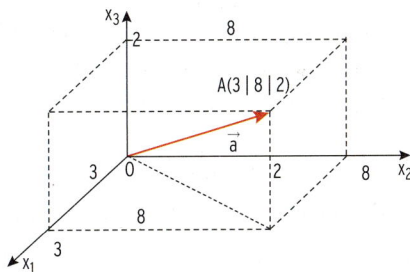

Beachten Sie:

Der **Betrag eines Vektors** $\vec{a}$ ist die Länge des zugehörigen Pfeils.

$|\vec{a}| = \left\| \begin{pmatrix} a_1 \\ a_2 \\ a_3 \end{pmatrix} \right\| = \sqrt{a_1^2 + a_2^2 + a_3^2}$

Der Betrag (die **Länge**) eines Vektors ist eine **skalare Größe** (reelle Zahl).

Beispiel

➲ Gegeben sind die Punkte A(1 | −3 | 2) und B(3 | 2 | 4).
   Berechnen Sie den Betrag des Vektors $\overrightarrow{AB}$.

Lösung
$\overrightarrow{AB} = \overrightarrow{OB} - \overrightarrow{OA} = \begin{pmatrix} 3 \\ 2 \\ 4 \end{pmatrix} - \begin{pmatrix} 1 \\ -3 \\ 2 \end{pmatrix} = \begin{pmatrix} 2 \\ 5 \\ 2 \end{pmatrix}$

Betrag des Vektors $\overrightarrow{AB}$: $|\overrightarrow{AB}| = \left\| \begin{pmatrix} 2 \\ 5 \\ 2 \end{pmatrix} \right\| = \sqrt{2^2 + 5^2 + 2^2} = \sqrt{33} \approx 5{,}74$

Beachten Sie:

Gegeben sind die zwei Punkte A(a_1 | a_2 | a_3) und B(b_1 | b_2 | b_3).

Für den Betrag des Vektors $\overrightarrow{AB}$ gilt:

$|\overrightarrow{AB}| = \left\| \begin{pmatrix} b_1 - a_1 \\ b_2 - a_2 \\ b_3 - a_3 \end{pmatrix} \right\| = \sqrt{(b_1 - a_1)^2 + (b_2 - a_2)^2 + (b_3 - a_3)^2}$

Definition des Skalarprodukts

Beispiel

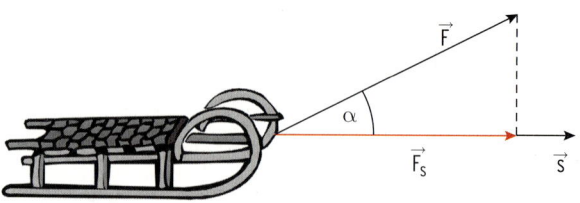

Wird ein Körper in Richtung einer Kraft bewegt, wird die Arbeit $W = F \cdot s$ verrichtet.

Zeigt die Kraft nicht in Richtung des Weges, dann benötigt man zur Berechnung der Arbeit nur die Komponente F_s der Kraft F, die in Richtung des Weges wirkt.

Arbeit $W = \left| \vec{F}_s \right| \cdot \left| \vec{s} \right|$

Mit $\left| \vec{F}_s \right| = \left| \vec{F} \right| \cdot \cos(\alpha)$ erhält man: Arbeit $W = \left| \vec{F} \right| \cdot \left| \vec{s} \right| \cdot \cos(\alpha)$.

Dieses Produkt definiert man als **Skalarprodukt von $\vec{F}$ und $\vec{s}$:** $\vec{F} \cdot \vec{s} = \left| \vec{F} \right| \cdot \left| \vec{s} \right| \cdot \cos(\alpha)$.

Beachten Sie:

Ist α der Winkel zwischen den Vektoren $\vec{a}$ und $\vec{b}$,

so bezeichnet man das Produkt

$$\vec{a} \cdot \vec{b} = \left| \vec{a} \right| \cdot \left| \vec{b} \right| \cdot \cos(\alpha)$$

als **Skalarprodukt** von $\vec{a}$ und $\vec{b}$.

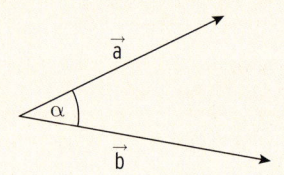

Sonderfälle:

$\alpha = 0°$: $\vec{a} \cdot \vec{b} = \left| \vec{a} \right| \cdot \left| \vec{b} \right| \cdot \cos(0°) = \left| \vec{a} \right| \cdot \left| \vec{b} \right| \cdot 1$

 $\vec{a} \cdot \vec{b} = \left| \vec{a} \right| \cdot \left| \vec{b} \right|$

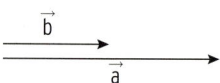

$\alpha = 90°$: Die Vektoren $\vec{a}$ und $\vec{b}$ stehen **senkrecht aufeinander**.

 $\vec{a}$ und $\vec{b}$ sind **zueinander orthogonal**.

 Dann gilt wegen $\cos(90°) = 0$: $\vec{a} \cdot \vec{b} = 0$.

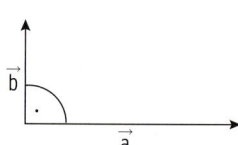

Beachten Sie:

Zwei Vektoren $\vec{a}$ und $\vec{b}$ stehen **senkrecht** aufeinander, wenn $\vec{a} \cdot \vec{b} = 0$.

$$\vec{a} \perp \vec{b} \Leftrightarrow \vec{a} \cdot \vec{b} = 0$$

Skalarprodukt in Koordinatenform

$$\vec{a} = \begin{pmatrix} a_1 \\ a_2 \\ a_3 \end{pmatrix}; \ \vec{b} = \begin{pmatrix} b_1 \\ b_2 \\ b_3 \end{pmatrix}$$

$$\vec{a} \cdot \vec{a} = |\vec{a}| \cdot |\vec{a}| \cdot \cos(\alpha) = |\vec{a}| \cdot |\vec{a}| \cdot \cos(0°) = (|\vec{a}|)^2 \cdot 1 = \left(\sqrt{a_1^2 + a_2^2 + a_3^2}\right)^2 = a_1^2 + a_2^2 + a_3^2$$

Für $\vec{a} \cdot \vec{a}$ gilt: $\quad \vec{a} \cdot \vec{a} = a_1 a_1 + a_2 a_2 + a_3 a_3$

Für $\vec{a} \cdot \vec{b}$ gilt: $\quad \vec{a} \cdot \vec{b} = a_1 b_1 + a_2 b_2 + a_3 b_3$ (ohne Beweis)

Beachten Sie:

Gegeben sind die Vektoren $\vec{a} = \begin{pmatrix} a_1 \\ a_2 \\ a_3 \end{pmatrix}$ und $\vec{b} = \begin{pmatrix} b_1 \\ b_2 \\ b_3 \end{pmatrix}$. Dann gilt:

$\vec{a} \cdot \vec{b} = |\vec{a}| \cdot |\vec{b}| \cdot \cos(\alpha)$ **Skalarprodukt**

$\vec{a} \cdot \vec{b} = a_1 b_1 + a_2 b_2 + a_3 b_3$ **Skalarprodukt in Koordinatenform**

Ist $\vec{a} \cdot \vec{b} = 0$, so stehen die Vektoren $\vec{a}$ und $\vec{b}$ senkrecht aufeinander.

Beispiele

a) $\begin{pmatrix} 1 \\ 2 \\ -1 \end{pmatrix} \cdot \begin{pmatrix} -3 \\ 1 \\ 5 \end{pmatrix} = -3 + 2 - 5 = -6$
b) $\begin{pmatrix} 2 \\ 2 \\ -1 \end{pmatrix} \cdot \begin{pmatrix} 6 \\ -2 \\ 1 \end{pmatrix} = 12 - 4 - 1 = 7$

c) $\begin{pmatrix} -1 \\ 3 \\ 4 \end{pmatrix} \cdot \begin{pmatrix} -1 \\ 1 \\ -1 \end{pmatrix} = 1 + 3 - 4 = 0$, d.h., die Vektoren $\begin{pmatrix} -1 \\ 3 \\ 4 \end{pmatrix}$ und $\begin{pmatrix} -1 \\ 1 \\ -1 \end{pmatrix}$ sind zueinander orthogonal.

d) Berechnung von $|\vec{a}|$ mithilfe des Skalarprodukts: $\vec{a} \cdot \vec{a} = (|\vec{a}|)^2$

$\vec{a} \cdot \vec{a} = \begin{pmatrix} 1 \\ 3 \\ -2 \end{pmatrix} \cdot \begin{pmatrix} 1 \\ 3 \\ -2 \end{pmatrix} = 1 \cdot 1 + 3 \cdot 3 + (-2) \cdot (-2) = 1 + 9 + 4 = 14 = (|\vec{a}|)^2$

$|\vec{a}| = \sqrt{14}$

Mithilfe der Formel für den Betrag eines Vektors: $|\vec{a}| = \left(\sqrt{a_1^2 + a_2^2 + a_3^2}\right)^2$:

$\vec{a} = \left| \begin{pmatrix} 1 \\ 3 \\ -2 \end{pmatrix} \right| = \sqrt{1^2 + 3^3 + (-2)^2} = \sqrt{14}$

Beispiel

➲ Bestimmen Sie b_1 so, dass die Vektoren $\vec{a} = \begin{pmatrix} 4 \\ -3 \\ 1 \end{pmatrix}$ und $\vec{b} = \begin{pmatrix} b_1 \\ 2 \\ -2 \end{pmatrix}$ senkrecht aufeinander stehen.

Lösung

$\vec{a} \cdot \vec{b} = \begin{pmatrix} 4 \\ -3 \\ 1 \end{pmatrix} \cdot \begin{pmatrix} b_1 \\ 2 \\ -2 \end{pmatrix} = 4b_1 - 6 - 2 = 4b_1 - 8 = 0$ $\qquad$ Ergebnis: $b_1 = 2$

Die Vektoren $\vec{a} = \begin{pmatrix} 4 \\ -3 \\ 1 \end{pmatrix}$ und $\vec{b} = \begin{pmatrix} 2 \\ 2 \\ -2 \end{pmatrix}$ stehen senkrecht aufeinander.

Winkel zwischen zwei Vektoren

Beachten Sie:

Für den **Winkel** α zwischen den Vektoren $\vec{a} \neq \vec{o}$ und $\vec{b} \neq \vec{o}$ gilt:

$$\vec{a} \cdot \vec{b} = |\vec{a}| \cdot |\vec{b}| \cdot \cos(\alpha) \quad \text{bzw.} \quad \cos(\alpha) = \frac{\vec{a} \cdot \vec{b}}{|\vec{a}| \cdot |\vec{b}|}$$

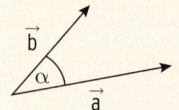

Beispiel

➲ Berechnen Sie den Winkel zwischen den Vektoren $\vec{a} = \begin{pmatrix} 1 \\ -2 \\ 3 \end{pmatrix}$ und $\vec{b} = \begin{pmatrix} 4 \\ -2 \\ 1 \end{pmatrix}$.

Lösung

Betrag des Vektors $\vec{a}$: $\quad |\vec{a}| = \left\| \begin{pmatrix} 1 \\ -2 \\ 3 \end{pmatrix} \right\| = \sqrt{1^2 + (-2)^2 + 3^2} = \sqrt{14}$

Betrag des Vektors $\vec{b}$: $\quad |\vec{b}| = \left\| \begin{pmatrix} 4 \\ -2 \\ 1 \end{pmatrix} \right\| = \sqrt{4^2 + (-2)^2 + 1^2} = \sqrt{21}$

Winkelberechnung: $\quad \cos(\alpha) = \dfrac{\vec{a} \cdot \vec{b}}{|\vec{a}| \cdot |\vec{b}|} = \dfrac{\begin{pmatrix} 1 \\ -2 \\ 3 \end{pmatrix} \cdot \begin{pmatrix} 4 \\ -2 \\ 1 \end{pmatrix}}{\left\| \begin{pmatrix} 1 \\ -2 \\ 3 \end{pmatrix} \right\| \cdot \left\| \begin{pmatrix} 4 \\ -2 \\ 1 \end{pmatrix} \right\|}$

$$\cos(\alpha) = \frac{4 + 4 + 3}{\sqrt{14} \cdot \sqrt{21}} = \frac{11}{\sqrt{14} \cdot \sqrt{21}} = 0{,}642$$

Winkel: $\quad \alpha = 50{,}1°$

Beispiel

➲ Gegeben sind die Punkte A(-3 | -5 | 2) und B(2 | -3 | -2) und C (4 | 5 | 7).
Berechnen Sie den Winkel zwischen den Vektoren $\overrightarrow{AB}$ und $\overrightarrow{AC}$.

Lösung

Vektor $\overrightarrow{AB}$: $\quad \overrightarrow{AB} = \overrightarrow{OB} - \overrightarrow{OA} = \begin{pmatrix} 2 \\ -3 \\ -2 \end{pmatrix} - \begin{pmatrix} -3 \\ -5 \\ 2 \end{pmatrix} = \begin{pmatrix} 5 \\ 2 \\ -4 \end{pmatrix}$

Vektor $\overrightarrow{AC}$: $\quad \overrightarrow{AC} = \overrightarrow{OC} - \overrightarrow{OA} = \begin{pmatrix} 4 \\ 5 \\ 7 \end{pmatrix} - \begin{pmatrix} -3 \\ -5 \\ 2 \end{pmatrix} = \begin{pmatrix} 7 \\ 10 \\ 5 \end{pmatrix}$

Winkelberechnung: $\quad \cos(\alpha) = \dfrac{\overrightarrow{AB} \cdot \overrightarrow{AC}}{|\overrightarrow{AB}| \cdot |\overrightarrow{AC}|} = \dfrac{\begin{pmatrix} 5 \\ 2 \\ -4 \end{pmatrix} \cdot \begin{pmatrix} 7 \\ 10 \\ 5 \end{pmatrix}}{\left\| \begin{pmatrix} 5 \\ 2 \\ -4 \end{pmatrix} \right\| \cdot \left\| \begin{pmatrix} 7 \\ 10 \\ 5 \end{pmatrix} \right\|}$

$$\cos(\alpha) = \frac{35 + 20 - 20}{\sqrt{45} \cdot \sqrt{174}} = \frac{35}{\sqrt{45} \cdot \sqrt{174}} = 0{,}396$$

Winkel: $\quad \alpha = 66{,}7°$

Aufgaben

1 Berechnen Sie den Betrag des Vektors $\vec{a}$.

a) $\vec{a} = \begin{pmatrix} 2 \\ -3 \\ 5 \end{pmatrix}$
  b) $\vec{a} = \begin{pmatrix} -2 \\ 0 \\ 1 \end{pmatrix}$
  c) $\vec{a} = \begin{pmatrix} 0 \\ 0 \\ 3 \end{pmatrix}$
  d) $\vec{a} = \begin{pmatrix} \sqrt{5} \\ 4 \\ \sqrt{7} \end{pmatrix}$

2 Berechnen Sie die Länge des Vektors $\overrightarrow{AB}$.

a) A(0 | 0 | 0);
   B(1 | 3 | 4)
  b) A(0 | 0 | 4);
   B(0 | 0 | 7)
  c) A(4 | −2 | 3);
   B(0 | −1 | −3)
  d) A(−7 | 6 | 0,5);
   B(3 | −2 | −0,5)

3 Die Punkte A(2 | 4 | 3), B(4 | 6 | 4), C(2 | 7 | 6) und D(0 | 5 | 5) liegen in einer Ebene.
Untersuchen Sie, ob das Viereck ABCD ein Quadrat ist.

4 Die Punkte A(4 | −1 | 2), B(2 | 3 | −1) und C(1,5 | 3 | 1,5) bilden ein Dreieck.

a) Bestimmen Sie den Mittelpunkt M der Seite AB.
Berechnen Sie die Länge der Seitenhalbierenden CM.

b) Untersuchen Sie, ob das Dreieck ABC gleichschenklig ist.

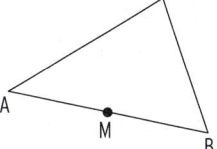

5 Berechnen Sie den Winkel zwischen den Vektoren $\vec{a}$ und $\vec{b}$.

a) $\vec{a} = \begin{pmatrix} -4 \\ 2 \\ -1 \end{pmatrix}$; $\vec{b} = \begin{pmatrix} 3 \\ -3 \\ -2 \end{pmatrix}$
  b) $\vec{a} = \begin{pmatrix} 0 \\ -2 \\ 4 \end{pmatrix}$; $\vec{b} = \begin{pmatrix} 2 \\ -3 \\ -3 \end{pmatrix}$

6 Gegeben sind die Punkte A(−4 | 5 | −2) und B(2 | 3 | 2) und C(−4 | 3 | 4).
Berechnen Sie den Winkel zwischen den Vektoren $\overrightarrow{AB}$ und $\overrightarrow{AC}$.

7 Untersuchen Sie, ob die Vektoren $\vec{a}$ und $\vec{b}$ zueinander orthogonal sind.

a) $\vec{a} = \begin{pmatrix} 1 \\ 3 \\ -2 \end{pmatrix}$; $\vec{b} = \begin{pmatrix} 1 \\ -1 \\ -1 \end{pmatrix}$
  b) $\vec{a} = \begin{pmatrix} 10 \\ -3 \\ -4 \end{pmatrix}$; $\vec{b} = \begin{pmatrix} 2 \\ 3 \\ 3 \end{pmatrix}$

8 Bestimmen Sie einen Vektor $\vec{n}$, der senkrecht auf dem Vektor $\vec{a} = \begin{pmatrix} 2 \\ 5 \\ -3 \end{pmatrix}$ steht.

9 Gegeben sind die Punkte A(3 | 3 | 5), B(−1 | −1 | 1) und C(2 | 2 | −1).

Zeigen Sie: $\vec{n} = \begin{pmatrix} 1 \\ -1 \\ 0 \end{pmatrix}$ steht senkrecht auf $\overrightarrow{AB}$ und auf $\overrightarrow{AC}$.

Geben Sie einen weiteren Vektor an, der senkrecht auf $\overrightarrow{AB}$ und auf $\overrightarrow{AC}$ steht.

10 Gegeben sind die Punkte A(1 | 3 | 3), B (5 | 1 | −1) und C(3 | 5 | −5).
Zeigen Sie: Das Dreieck ABC ist gleichschenklig-rechtwinklig mit dem rechten Winkel im
Punkt B.

3.3 Vektorprodukt

Bewegen sich Elektronen quer zu den Feldlinien eines Magnetfeldes, so werden sie abgelenkt. Es wirkt die sogenannte Lorentzkraft.
Die Lorentzkraft steht senkrecht auf den Feldlinien und ist senkrecht zur Bewegungsrichtung der Elektronen. Ihre Richtung kann mit der Linke-Hand-Regel bestimmt werden. Man sucht einen Vektor, der senkrecht auf zwei anderen (linear unabhängigen) Vektoren steht.

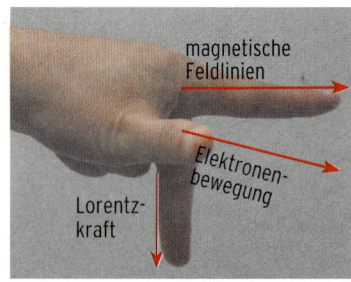

Der Vektor $\vec{n} = \begin{pmatrix} n_1 \\ n_2 \\ n_3 \end{pmatrix}$ soll senkrecht auf den Vektoren $\vec{a} = \begin{pmatrix} a_1 \\ a_2 \\ a_3 \end{pmatrix}$ und $\vec{b} = \begin{pmatrix} b_1 \\ b_2 \\ b_3 \end{pmatrix}$ stehen.

Die Bedingungen

$\vec{a} \cdot \vec{n} = 0$

$$\vec{a} \cdot \vec{n} = \begin{pmatrix} a_1 \\ a_2 \\ a_3 \end{pmatrix} \cdot \begin{pmatrix} n_1 \\ n_2 \\ n_3 \end{pmatrix} = a_1 n_1 + a_2 n_2 + a_3 n_3 = 0$$

und

$\vec{b} \cdot \vec{n} = 0$

$$\vec{b} \cdot \vec{n} = \begin{pmatrix} b_1 \\ b_2 \\ b_3 \end{pmatrix} \cdot \begin{pmatrix} n_1 \\ n_2 \\ n_3 \end{pmatrix} = b_1 n_1 + b_2 n_2 + b_3 n_3 = 0$$

führen auf das Gleichungssystem:

$$a_1 n_1 + a_2 n_2 + a_3 n_3 = 0$$
$$b_1 n_1 + b_2 n_2 + b_3 n_3 = 0$$

Für den „Lösungsvektor $\vec{n}$" erhält man:

$$\vec{n} = \begin{pmatrix} n_1 \\ n_2 \\ n_3 \end{pmatrix} = \begin{pmatrix} a_2 b_3 - a_3 b_2 \\ a_3 b_1 - a_1 b_3 \\ a_1 b_2 - a_2 b_1 \end{pmatrix}$$

Man spricht in diesem Fall vom Vektorprodukt von $\vec{a}$ und $\vec{b}$.

Beachten Sie:

Für zwei Vektoren $\vec{a} = \begin{pmatrix} a_1 \\ a_2 \\ a_3 \end{pmatrix}$ und $\vec{b} = \begin{pmatrix} b_1 \\ b_2 \\ b_3 \end{pmatrix}$ heißt der Vektor $\vec{a} \times \vec{b} = \begin{pmatrix} a_2 b_3 - a_3 b_2 \\ a_3 b_1 - a_1 b_3 \\ a_1 b_2 - a_2 b_1 \end{pmatrix}$

Vektorprodukt (Kreuzprodukt) von $\vec{a}$ und $\vec{b}$.

(gelesen: $\vec{a}$ kreuz $\vec{b}$)

Der Vektor $\vec{a} \times \vec{b}$ steht senkrecht auf $\vec{a}$ und auf $\vec{b}$.

$\vec{n} = \vec{a} \times \vec{b}$ ist ein **Normalenvektor** zu den Vektoren $\vec{a}$ und $\vec{b}$.

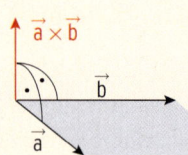

Beispiel

➥ Gegeben sind die Vektoren $\vec{a} = \begin{pmatrix} 3 \\ -2 \\ 4 \end{pmatrix}$ und $\vec{b} = \begin{pmatrix} 4 \\ -2 \\ 5 \end{pmatrix}$. Berechnen Sie $\vec{a} \times \vec{b}$.

Lösung

Die Berechnung des Kreuzprodukts wird durch folgendes Rechenschema erleichtert.

$$\begin{pmatrix} a_2 b_3 - a_3 b_2 \\ a_3 b_1 - a_1 b_3 \\ a_1 b_2 - a_2 b_1 \end{pmatrix}$$

	a_1	b_1	3	4
	a_2	b_2	-2	-2
	a_3	b_3	4	5
	a_1	b_1	3	4
	a_2	b_2	-2	-2
	a_3	b_3	4	5

$$\vec{a} \times \vec{b} = \begin{pmatrix} -2 \cdot 5 - 4 \cdot (-2) \\ 4 \cdot 4 - 3 \cdot 5 \\ 3 \cdot (-2) - (-2) \cdot 4 \end{pmatrix} = \begin{pmatrix} -2 \\ 1 \\ 2 \end{pmatrix}$$

Hinweis: Der Vektor $\vec{n} = \begin{pmatrix} -2 \\ 1 \\ 2 \end{pmatrix}$ steht senkrecht auf den Vektoren $\vec{a}$ und $\vec{b}$.

$\vec{n}$ ist ein Normalenvektor zu $\vec{a}$ und $\vec{b}$.

Probe mit dem Skalarprodukt: $\vec{a} \cdot \vec{n} = \begin{pmatrix} 3 \\ -2 \\ 4 \end{pmatrix} \cdot \begin{pmatrix} -2 \\ 1 \\ 2 \end{pmatrix} = -6 - 2 + 8 = 0$

$$\vec{b} \cdot \vec{n} = \begin{pmatrix} 4 \\ -2 \\ 5 \end{pmatrix} \cdot \begin{pmatrix} -2 \\ 1 \\ 2 \end{pmatrix} = -8 - 2 + 10 = 0$$

Beispiel

➥ Gegeben sind die Vektoren $\vec{a} = \begin{pmatrix} -5 \\ 0 \\ 2 \end{pmatrix}$ und $\vec{b} = \begin{pmatrix} 2 \\ -3 \\ -2 \end{pmatrix}$.

Geben Sie zwei Normalenvektoren zu den Vektoren $\vec{a}$ und $\vec{b}$ an.

Lösung

Einen Normalenvektor erhält man mit dem Vektorprodukt $\vec{a} \times \vec{b}$.

-5	2
0	-3
2	-2
-5	2
0	-3
2	-2

$$\vec{a} \times \vec{b} = \begin{pmatrix} 0 \cdot (-2) - 2 \cdot (-3) \\ 2 \cdot 2 - (-5) \cdot (-2) \\ (-5) \cdot (-3) - 0 \cdot 2 \end{pmatrix} = \begin{pmatrix} 6 \\ -6 \\ 15 \end{pmatrix}$$

Ein Normalenvektor zu den Vektoren $\vec{a}$ und $\vec{b}$ ist z.B.: $\begin{pmatrix} 6 \\ -6 \\ 15 \end{pmatrix}$

Ein Vielfaches von $\begin{pmatrix} 6 \\ -6 \\ 15 \end{pmatrix}$ ist auch ein Normalenvektor zu $\vec{a}$ und $\vec{b}$: $\frac{1}{3} \cdot \begin{pmatrix} 6 \\ -6 \\ 15 \end{pmatrix} = \begin{pmatrix} 2 \\ -2 \\ 5 \end{pmatrix}$

Beispiel

➲ Bestimmen Sie einen Vektor, der senkrecht auf $\vec{a} = \begin{pmatrix} 5 \\ -1 \\ -7 \end{pmatrix}$ und senkrecht auf $\vec{b} = \begin{pmatrix} -4 \\ -2 \\ 2 \end{pmatrix}$ steht.

Lösung

Der Vektor $\vec{a} \times \vec{b}$ steht senkrecht auf $\vec{a}$ und auf $\vec{b}$.

$$
\begin{array}{ll}
5 & -4 \\
-1 & -2 \\
-7 & 2 \\
5 & -4 \\
-1 & -2 \\
-7 & 2
\end{array}
\qquad
\vec{a} \times \vec{b} = \begin{pmatrix} -1 \cdot 2 - (-7) \cdot (-2) \\ -7 \cdot (-4) - 5 \cdot 2 \\ 5 \cdot (-2) - (-1) \cdot (-4) \end{pmatrix} = \begin{pmatrix} -16 \\ 18 \\ -14 \end{pmatrix}
$$

Der Vektor $\vec{n} = \begin{pmatrix} -16 \\ 18 \\ -14 \end{pmatrix}$ steht senkrecht auf $\vec{a}$ und senkrecht auf $\vec{b}$.

Hinweis: Der Vektor $\frac{1}{2} \cdot \begin{pmatrix} -16 \\ 18 \\ -14 \end{pmatrix} = \begin{pmatrix} -8 \\ 9 \\ -7 \end{pmatrix}$ steht auch senkrecht auf $\vec{a}$ und senkrecht auf $\vec{b}$.

Bemerkung:

Das **Vektorprodukt** $\vec{a} \times \vec{b}$ ergibt einen **Vektor.**

Das **Skalarprodukt** $\vec{a} \cdot \vec{b}$ ergibt eine reelle **Zahl** (einen Skalar).

Was man wissen sollte – über Rechenoperationen mit Vektoren

Rechenoperation	Schreibweise	Beispiel
Addition	$\vec{a} + \vec{b}$	$\begin{pmatrix} 1 \\ 3 \\ -2 \end{pmatrix} + \begin{pmatrix} 5 \\ 7 \\ -3 \end{pmatrix} = \begin{pmatrix} 6 \\ 10 \\ -5 \end{pmatrix}$
Skalare Multiplikation	$k \cdot \vec{a}; k \in \mathbb{R}$	$3 \cdot \begin{pmatrix} 1 \\ 3 \\ -2 \end{pmatrix} = \begin{pmatrix} 3 \\ 9 \\ -6 \end{pmatrix}$
Skalarprodukt	$\vec{a} \cdot \vec{b}$	$\begin{pmatrix} 1 \\ 3 \\ -2 \end{pmatrix}\begin{pmatrix} 5 \\ 7 \\ -3 \end{pmatrix} = 5 + 21 + 6 = 32$
Vektorprodukt	$\vec{a} \times \vec{b}$	$\begin{pmatrix} 1 \\ 3 \\ -2 \end{pmatrix} \times \begin{pmatrix} 5 \\ 7 \\ -3 \end{pmatrix} = \begin{pmatrix} -9 + 14 \\ -10 + 3 \\ 7 - 15 \end{pmatrix} = \begin{pmatrix} 5 \\ -7 \\ -8 \end{pmatrix}$

Aufgaben

1 Berechnen Sie $\vec{a} \times \vec{b}$.

a) $\vec{a} = \begin{pmatrix} 3 \\ -3 \\ 4 \end{pmatrix}, \vec{b} = \begin{pmatrix} -2 \\ 3 \\ -1 \end{pmatrix}$

b) $\vec{a} = \begin{pmatrix} -1 \\ 0 \\ 2 \end{pmatrix}, \vec{b} = \begin{pmatrix} 6 \\ 4 \\ -2 \end{pmatrix}$

c) $\vec{a} = \begin{pmatrix} -2 \\ 3 \\ 2 \end{pmatrix}, \vec{b} = \begin{pmatrix} -5 \\ 2 \\ -1 \end{pmatrix}$

2 Gegeben sind die Vektoren $\vec{a} = \begin{pmatrix} -2 \\ -3 \\ 5 \end{pmatrix}, \vec{b} = \begin{pmatrix} -2 \\ 0 \\ 1 \end{pmatrix}$ und $\vec{c} = \begin{pmatrix} 4 \\ -2 \\ 3 \end{pmatrix}$.

Berechnen Sie:

a) $\vec{a} \times \vec{b}$

b) $\vec{b} \times \vec{a}$

c) $\vec{c} \times \vec{a}$

d) $(\vec{a} \times \vec{b}) \times \vec{c}$

e) $\vec{a} \times \vec{b} + \vec{c}$

f) $5 \cdot (\vec{a} \times \vec{c})$

g) $(\vec{b} \times \vec{a}) \cdot \vec{c}$

h) $(\vec{a} \cdot \vec{c}) \cdot (\vec{a} \times \vec{b})$

3 Bestimmen Sie zu den Vektoren $\vec{a} = \begin{pmatrix} 2 \\ -3 \\ 1 \end{pmatrix}$ und $\vec{b} = \begin{pmatrix} -2 \\ -1 \\ -5 \end{pmatrix}$ einen Vektor, der zu $\vec{a}$ und $\vec{b}$ orthogonal ist.

4 Berechnen Sie einen Normalenvektor zu den Vektoren $\vec{a}$ und $\vec{b}$.

a) $\vec{a} = \begin{pmatrix} 0 \\ -3 \\ 5 \end{pmatrix}, \vec{b} = \begin{pmatrix} -2 \\ 1 \\ -1 \end{pmatrix}$

b) $\vec{a} = \begin{pmatrix} 1 \\ 1 \\ 0 \end{pmatrix}, \vec{b} = \begin{pmatrix} -5 \\ 2 \\ -2 \end{pmatrix}$

c) $\vec{a} = \begin{pmatrix} 1 \\ 0 \\ 0 \end{pmatrix}, \vec{b} = \begin{pmatrix} 0 \\ 1 \\ 0 \end{pmatrix}$

5 Der Vektor $\vec{v} = \begin{pmatrix} 7 \\ -1 \\ 6 \end{pmatrix}$ steht senkrecht auf den Vektoren $\vec{a}$ und $\vec{b}$.

Geben Sie einen weiteren Vektor $\vec{w}$ an, der auch senkrecht auf $\vec{a}$ und $\vec{b}$ steht.
Welcher Zusammenhang besteht zwischen $\vec{v}$ und $\vec{w}$?

6 Überprüfen Sie, ob der Vektor $\vec{c}$ senkrecht auf den Vektoren $\vec{a}$ und $\vec{b}$ steht.
Prüfen Sie mit dem Vektorprodukt und mit dem Skalarprodukt.

a) $\vec{a} = \begin{pmatrix} 1 \\ -3 \\ 2 \end{pmatrix}, \vec{b} = \begin{pmatrix} -2 \\ 1 \\ 3 \end{pmatrix}, \vec{c} = \begin{pmatrix} -11 \\ -7 \\ -5 \end{pmatrix}$

b) $\vec{a} = \begin{pmatrix} 0 \\ 4 \\ 1 \end{pmatrix}, \vec{b} = \begin{pmatrix} -3 \\ 2 \\ -2 \end{pmatrix}, \vec{c} = \begin{pmatrix} -20 \\ -6 \\ 24 \end{pmatrix}$

7 Gegeben sind die Punkte A(1 | 3 | 3), B(−1 | 2 | 1) und C(2 | −2 | 1).

Zeigen Sie: $\vec{n} = \begin{pmatrix} 16 \\ 12 \\ -22 \end{pmatrix}$ steht senkrecht auf $\overrightarrow{AB}$ und $\overrightarrow{BC}$.

8 Gegeben sind die Punkte A(3 | 3 | 5), B(2 | 2 | −1) und C(−1 | −1 | 1).
Bestimmen Sie zwei Vektoren $\vec{u}$ und $\vec{v}$, die jeweils orthogonal zu $\overrightarrow{AB}$ und zu $\overrightarrow{AC}$ verlaufen.
Welcher Zusammenhang besteht zwischen $\vec{u}$ und $\vec{v}$?

9 Ein Sonnensegel hat die Form eines Dreiecks, welches durch die drei Eckpunkte A(2 | 0 | 0), B(3 | 3 | 1) und C(4 | 4 | 3) bestimmt ist.
Die Richtung der Sonnenstrahlen ist durch den Vektor $\begin{pmatrix} 5 \\ -1 \\ -2 \end{pmatrix}$ gegeben.

Treffen die Sonnenstrahlen senkrecht auf das Sonnensegel? Begründen Sie Ihre Antwort.

4 Geraden im Anschauungsraum

4.1 Geradengleichung in Parameterform

Punkt-Richtungs-Form

P ist ein Punkt auf der Geraden g.
Die Geradenpunkte Q und R erhält
man durch

$$\overrightarrow{OQ} = \overrightarrow{OP} + \vec{u}$$
$$\overrightarrow{OR} = \overrightarrow{OP} + 2\vec{u}.$$

Allgemein erhält man Punkte X auf g
durch

$$\overrightarrow{OX} = \overrightarrow{OP} + r \cdot \vec{u};\ r \in \mathbb{R}.$$

Für jede Wahl von $r \in \mathbb{R}$ erhält man einen Geradenpunkt.

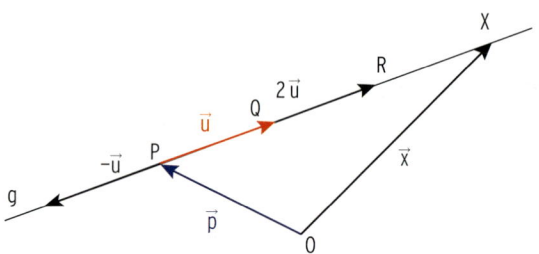

> **Beachten Sie:**
>
> Ist P ein Punkt mit dem Ortsvektor $\vec{p}$ und $\vec{u}$ ein Richtungsvektor, dann kann eine Gerade g durch folgende Gleichung beschrieben werden:
>
> $$\vec{x} = \vec{p} + r\vec{u};\ r \in \mathbb{R}.\quad \text{(Punkt-Richtungs-Form)}$$
>
> Der Vektor $\vec{p}$ heißt **Stützvektor,** P ist der Aufpunkt.

Zwei-Punkte-Form

$\vec{p}, \vec{q}$ sind die Ortsvektoren der Geradenpunkte P und Q.
$\vec{u} = \overrightarrow{PQ} = \overrightarrow{OQ} - \overrightarrow{OP} = \vec{q} - \vec{p}$ ist ein Richtungsvektor.
Geradengleichung von g

$$g: \vec{x} = \overrightarrow{OP} + r(\overrightarrow{OQ} - \overrightarrow{OP});\ r \in \mathbb{R}\ \text{ bzw.}$$
$$g: \vec{x} = \vec{p} + r(\vec{q} - \vec{p});\ r \in \mathbb{R}$$

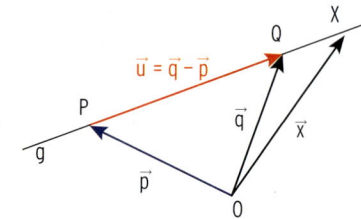

> **Beachten Sie:**
>
> Eine Gerade g, die durch die zwei Punkte P und Q verläuft, kann beschrieben werden
> durch:
> $$\vec{x} = \overrightarrow{OP} + r \cdot \overrightarrow{PQ};\ r \in \mathbb{R}$$
> $$\vec{x} = \vec{p} + r(\vec{q} - \vec{p});\ r \in \mathbb{R}\quad \text{(Zwei-Punkte-Form)}$$
> Der Vektor $\vec{p}$ heißt **Stützvektor,** $\vec{q} - \vec{p}$ ist ein **Richtungsvektor.**

Besondere Geraden im Anschauungsraum

x_1-Achse: $\vec{x} = r\begin{pmatrix} 1 \\ 0 \\ 0 \end{pmatrix}$ x_2-Achse: $\vec{x} = s\begin{pmatrix} 0 \\ 1 \\ 0 \end{pmatrix}$ x_3-Achse: $\vec{x} = t\begin{pmatrix} 0 \\ 0 \\ 1 \end{pmatrix}$; (r, s, t $\in \mathbb{R}$)

Beispiel

➡ Gegeben ist die Gerade g: $\vec{x} = \begin{pmatrix} 3 \\ -1 \\ 2 \end{pmatrix} + r \begin{pmatrix} 0 \\ 2 \\ 1 \end{pmatrix}$; $r \in \mathbb{R}$.

a) Bestimmen Sie drei Punkte auf der Geraden g.

b) Liegt der Punkt P(3 | 3 | 6) auf der Geraden g?

c) Bestimmen Sie die Gleichung der Ursprungsgeraden durch den Aufpunkt von g.

Lösung

a) Der **Aufpunkt** A(3 | −1| 2) liegt auf g (für

r = 0). Weitere Punkte auf g erhält man,
indem man für den Parameter r verschiedene Werte wählt.

Für r = 1: $\vec{x} = \begin{pmatrix} 3 \\ -1 \\ 2 \end{pmatrix} + 1 \cdot \begin{pmatrix} 0 \\ 2 \\ 1 \end{pmatrix} = \begin{pmatrix} 3 \\ 1 \\ 3 \end{pmatrix}$.

Der Punkt B(3 | 1 | 3) liegt auf g.

Für r = 0,5: $\vec{x} = \begin{pmatrix} 3 \\ -1 \\ 2 \end{pmatrix} + 0,5 \begin{pmatrix} 0 \\ 2 \\ 1 \end{pmatrix} = \begin{pmatrix} 3 \\ 0 \\ 2,5 \end{pmatrix}$.

Der Punkt C(3 | 0 | 2,5) liegt auf g.

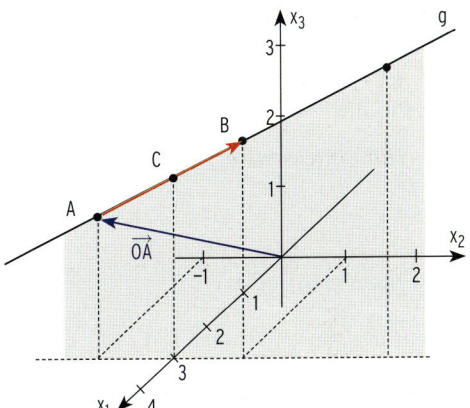

Hinweis: Für alle Punkte auf g gilt: $x_1 = 3$.

Die Gerade g verläuft parallel zur x_2x_3-Ebene.

Die Punkte X auf g haben die Koordinaten $x_1 = 3$, $x_2 = -1 + 2r$, $x_3 = 2 + r$.

C liegt zwischen A und B, da $0 < r < 1$. C ist der Mittelpunkt der Strecke AB,

da $r = \frac{1}{2}$ ist. Gleichung der Strecke AB: $\vec{x} = \begin{pmatrix} 3 \\ -1 \\ 2 \end{pmatrix} + r \begin{pmatrix} 0 \\ 2 \\ 1 \end{pmatrix}$; $0 \leq r \leq 1$

b) Um zu überprüfen, ob der Punkt P auf g liegt, führt man eine Punktprobe durch.

Punktprobe mit P(3 | 3 | 6):

Ortsvektor von P für $\vec{x}$ einsetzen: $\begin{pmatrix} 3 \\ 3 \\ 6 \end{pmatrix} = \begin{pmatrix} 3 \\ -1 \\ 2 \end{pmatrix} + r \begin{pmatrix} 0 \\ 2 \\ 1 \end{pmatrix}$

Umformung: $\begin{pmatrix} 0 \\ 4 \\ 4 \end{pmatrix} = r \begin{pmatrix} 0 \\ 2 \\ 1 \end{pmatrix}$ $\quad \begin{matrix} 0 = 0r \\ 2 = r \\ 4 = r \end{matrix}$

Es gibt keine Zahl r, sodass alle drei Gleichungen erfüllt sind.

P liegt **nicht** auf g.

c) Aufpunkt: A(3 | −1 | 2)

Richtungsvektor: $\vec{u} = \overrightarrow{OA} = \begin{pmatrix} 3 \\ -1 \\ 2 \end{pmatrix}$

Gleichung der Ursprungsgeraden: $\vec{x} = \begin{pmatrix} 0 \\ 0 \\ 0 \end{pmatrix} + s \begin{pmatrix} 3 \\ -1 \\ 2 \end{pmatrix}$; $s \in \mathbb{R}$

$\vec{x} = s \begin{pmatrix} 3 \\ -1 \\ 2 \end{pmatrix}$; $s \in \mathbb{R}$

Beispiel

→ Die Gerade g verläuft durch die Punkte A(-3 | 9 | 2) und B(-4 | 1 | -5). Die Gerade h ist parallel zu g und geht durch den Punkt P(-2 | 3 | 6).

a) Bestimmen Sie eine Gleichung von g.

b) Bestimmen Sie eine Gleichung von h.
Überprüfen Sie, ob der Punkt Q(0 | 19 | 20) auf h liegt.

Lösung

a) Die Differenz der Ortsvektoren $\overrightarrow{OA}$ und $\overrightarrow{OB}$ ergibt einen **Richtungsvektor** von g.

Richtungsvektor: $\vec{u} = \overrightarrow{AB} = \overrightarrow{OB} - \overrightarrow{OA} = \begin{pmatrix} -4 \\ 1 \\ -5 \end{pmatrix} - \begin{pmatrix} -3 \\ 9 \\ 2 \end{pmatrix} = -\begin{pmatrix} 1 \\ 8 \\ 7 \end{pmatrix}$

Einsetzen eines Ortsvektors (z. B. $\overrightarrow{OA}$) und $\vec{u}$ in die **Punkt-Richtungs-Form** ergibt eine **Gleichung von g:**

$\vec{x} = \overrightarrow{OA} + r\vec{u} = \begin{pmatrix} -3 \\ 9 \\ 2 \end{pmatrix} + r\begin{pmatrix} 1 \\ 8 \\ 7 \end{pmatrix}; r \in \mathbb{R}$

b) g und h sind **parallel**, d. h., der Richtungsvektor von g ist ein **Vielfaches des Richtungsvektors** von h.

Einsetzen von $\vec{p}$ (Ortsvektor von P) und $\vec{u}$ in die Punkt-Richtungs-Form ergibt eine **Gleichung von h:**

$\vec{x} = \vec{p} + s\vec{u} = \begin{pmatrix} -2 \\ 3 \\ 6 \end{pmatrix} + s\begin{pmatrix} 1 \\ 8 \\ 7 \end{pmatrix}; s \in \mathbb{R}$

Punktprobe mit Q(0 | 19 | 20):

Ortsvektor von Q für $\vec{x}$ einsetzen:

$\begin{pmatrix} 0 \\ 19 \\ 20 \end{pmatrix} = \begin{pmatrix} -2 \\ 3 \\ 6 \end{pmatrix} + s\begin{pmatrix} 1 \\ 8 \\ 7 \end{pmatrix}$

$\begin{pmatrix} 2 \\ 16 \\ 14 \end{pmatrix} = s\begin{pmatrix} 1 \\ 8 \\ 7 \end{pmatrix} \qquad s = 2$

Für $s = 2$ sind alle drei Gleichungen erfüllt. Q liegt auf h.

Beispiel

→ Für jedes $k \in \mathbb{R}$ ist der Punkt A_k gegeben durch $A_k(-1$ | $3k + 1$ | $-3k)$.
Es gibt eine Gerade g, die alle Punkte A_k enthält. Bestimmen Sie die Gleichung von g.

Lösung

Zwei Punkte wählen, z. B. für k = 0, k = 1: $\quad A_0(-1$ | 1 | 0), $A_1(-1$ | 4 | $-3)$

Richtungsvektor $\vec{u}$: $\quad \vec{u} = \overrightarrow{OA_1} - \overrightarrow{OA_0} = \begin{pmatrix} -1 \\ 4 \\ -3 \end{pmatrix} - \begin{pmatrix} -1 \\ 1 \\ 0 \end{pmatrix} = \begin{pmatrix} 0 \\ 3 \\ -3 \end{pmatrix}$

Gleichung von g: $\quad \vec{x} = \begin{pmatrix} -1 \\ 1 \\ 0 \end{pmatrix} + r\begin{pmatrix} 0 \\ 3 \\ -3 \end{pmatrix}; r \in \mathbb{R}$

Oder mit $r\begin{pmatrix} 0 \\ 3 \\ -3 \end{pmatrix} = r \cdot 3\begin{pmatrix} 0 \\ 1 \\ -1 \end{pmatrix} = s\begin{pmatrix} 0 \\ 1 \\ -1 \end{pmatrix}$ erhält man: $\quad \vec{x} = \begin{pmatrix} -1 \\ 1 \\ 0 \end{pmatrix} + s\begin{pmatrix} 0 \\ 1 \\ -1 \end{pmatrix}; s \in \mathbb{R}$

Beispiel

⇒ Gegeben sind der Punkt $P_t(t+9 \mid -10 \mid t+5)$ und die Gerade g: $\vec{x} = \begin{pmatrix} 5 \\ -1 \\ -2 \end{pmatrix} + r\begin{pmatrix} 2 \\ 3 \\ 1 \end{pmatrix}$; $r \in \mathbb{R}$.

Bestimmen Sie den Wert für t so, dass der Punkt P_t auf der Geraden g liegt.

Lösung

Punktprobe mit $P_t(t+9 \mid -10 \mid t+5)$ liefert: $\begin{pmatrix} t+9 \\ -10 \\ t+5 \end{pmatrix} = \begin{pmatrix} 5 \\ -1 \\ -2 \end{pmatrix} + r\begin{pmatrix} 2 \\ 3 \\ 1 \end{pmatrix}$

Umformung: $\begin{pmatrix} t+4 \\ -9 \\ t+7 \end{pmatrix} = r\begin{pmatrix} 2 \\ 3 \\ 1 \end{pmatrix}$

$$t + 4 = 2r$$
$$-3 = r$$
$$t + 7 = r$$

Einsetzen von r = −3 in t + 7 = r: $t + 7 = -3$

$$t = -10$$

Einsetzen von r = −3 und t = −10
in t + 4 = 2r: $-10 + 4 = 2 \cdot (-3)$

$$-6 = -6 \text{ wahre Aussage}$$

Für t = −10 liegt der Punkt $P_t(-1 \mid -10 \mid -5)$ auf der Geraden g.

Beispiel

⇒ A(1 | 1 | −1), B(2 | 3 | −2), C(4 | 7 | 3) und D(3 | 5 | 4) sind die Eckpunkte eines Vierecks.
Die Gerade g verläuft durch die Punkte A und C, h ist die Gerade durch die Punkte B und D. Zeigen Sie: Der Punkt M(2,5 | 4 | 1) liegt auf g und auf h.
Interpretieren Sie Ihr Ergebnis.

Lösung

Gerade g durch A und C: $\vec{x} = \overrightarrow{OA} + r \cdot \overrightarrow{AC} = \begin{pmatrix} 1 \\ 1 \\ -1 \end{pmatrix} + r\begin{pmatrix} 3 \\ 6 \\ 4 \end{pmatrix}$; $r \in \mathbb{R}$

Gerade h durch B und D: $\vec{x} = \overrightarrow{OB} + s \cdot \overrightarrow{BD} = \begin{pmatrix} 2 \\ 3 \\ -2 \end{pmatrix} + s\begin{pmatrix} 1 \\ 2 \\ 6 \end{pmatrix}$; $s \in \mathbb{R}$

Punktprobe mit M in g: $\begin{pmatrix} 2,5 \\ 4 \\ 1 \end{pmatrix} = \begin{pmatrix} 1 \\ 1 \\ -1 \end{pmatrix} + r\begin{pmatrix} 3 \\ 6 \\ 4 \end{pmatrix}$

ergibt eine wahre Aussage für r = 0,5.
M liegt auf g.

Punktprobe mit M in h: $\begin{pmatrix} 2,5 \\ 4 \\ 1 \end{pmatrix} = \begin{pmatrix} 2 \\ 3 \\ -2 \end{pmatrix} + s\begin{pmatrix} 1 \\ 2 \\ 6 \end{pmatrix}$

Wahre Aussage für s = 0,5. M liegt auf h.

Interpretation: Wegen r = s = 0,5 halbieren sich die Diagonalen. Das Viereck ABCD ist ein Parallelogramm.

Aufgaben

1 Stellen Sie die Gleichung der Geraden g durch die Punkte A und B auf.

a) $A(-3 \mid 2 \mid 1)$, $B(7 \mid -2 \mid 1)$ **b)** $A(0 \mid 0 \mid 3)$, $B(-2 \mid 1 \mid 5)$ **c)** $A(5 \mid 0 \mid 0)$, $B(0 \mid 4 \mid 1)$

2 Gegeben sind die Punkte $A(1 \mid 2 \mid 0)$ und $B(7 \mid 2 \mid 0)$.
Stellen Sie die Gleichung der Geraden durch A und B auf und beschreiben Sie ihre Lage im Koordinatensystem. Geben Sie einen Punkt der Geraden zwischen A und B an.
Bestimmen Sie eine Gleichung der Ursprungsgeraden durch A.

3 Gegeben sind in einem kartesischen Koordinatensystem die Punkte $A(1 \mid 6 \mid -5)$,
$B(7 \mid 9 \mid 1)$ und $C(-16 \mid -8 \mid -2)$ sowie die Gerade g: $\vec{x} = \begin{pmatrix} -1 \\ 5 \\ -7 \end{pmatrix} + s\begin{pmatrix} 2 \\ 1 \\ 2 \end{pmatrix}$ mit $s \in \mathbb{R}$.
Welche der Punkte A, B, C liegen auf der Geraden g?
Die Gerade h verläuft durch den Ursprung parallel zur Geraden durch A und C.
Geben Sie eine Gleichung von h an.

4 Gegeben sind die Punkte $A(-2 \mid -6 \mid -5)$, $B(3 \mid -4 \mid -1)$ und $C(4 \mid -2 \mid -1)$. Geben Sie eine Gleichung der Geraden g an, die durch B und den Mittelpunkt der Strecke AC geht.

5 Gegeben sind die Punkte $A(-2 \mid -3 \mid 2)$, $B(2 \mid 1 \mid 2)$ und $C(-6 \mid -7 \mid 2)$. Die Gerade g verläuft durch die Punkte A und B.

a) Zeigen Sie, dass der Punkt C auf g liegt, aber nicht zwischen A und B.

b) Bestimmen Sie s so, dass die Strecke AB mit $\vec{x} = \begin{pmatrix} -2 \\ -3 \\ 2 \end{pmatrix} + s\begin{pmatrix} 1 \\ 1 \\ 0 \end{pmatrix}$ beschrieben werden kann.

6 Die Punkte $A(4 \mid 3 \mid 2)$ und $B(-2 \mid -3 \mid 2)$ legen die Gerade g fest.

a) Ermitteln Sie eine Gleichung der Geraden g.

b) Bestimmen Sie eine Gleichung der Geraden h, die parallel zur x_2-Achse verläuft und mit g den Punkt A gemeinsam hat.

7 Gegeben sind die Punkte $A(1 \mid -4 \mid 2)$, $B(3 \mid -2 \mid 5)$ und $C(5 \mid 0 \mid 8)$.
Zeigen Sie, dass die Punkte A, B und C auf einer Geraden liegen.
Geben Sie eine Gleichung dieser Geraden an.
Liegt C zwischen A und B?

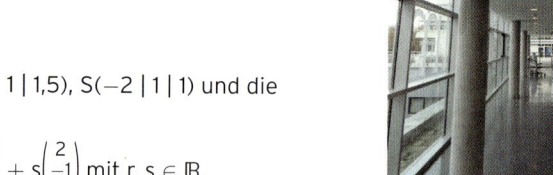

8 Gegeben sind die Punkte $A(-3 \mid 1 \mid 1{,}5)$, $S(-2 \mid 1 \mid 1)$ und die Geraden

g: $\vec{x} = \begin{pmatrix} -4 \\ 1 \\ 2 \end{pmatrix} + r\begin{pmatrix} 2 \\ 0 \\ -1 \end{pmatrix}$ und h: $\vec{x} = \begin{pmatrix} 0 \\ 0 \\ 2 \end{pmatrix} + s\begin{pmatrix} 2 \\ -1 \\ 1 \end{pmatrix}$ mit r, s $\in \mathbb{R}$.

a) Untersuchen Sie, ob A auf g und ob A auf h liegt. Zeigen Sie: S liegt auf g und h.

b) Geben Sie zwei weitere (verschiedene) Geraden durch S an.

9 Die Punkte $T(-a \mid 2 - a \mid 1)$ liegen für $a \in \mathbb{R}$ auf einer Geraden.
Bestimmen Sie die Gleichung dieser Geraden.

10 Für welches t liegt der Punkt $P(3 \mid t \mid t)$ auf der Geraden g: $\vec{x} = \begin{pmatrix} 1 \\ 1 \\ -3 \end{pmatrix} + r\begin{pmatrix} -1 \\ 3 \\ 1 \end{pmatrix}$, $r \in \mathbb{R}$?

4.2 Spurpunkte einer Geraden

Beispiel

➲ Gegeben ist die Gerade g: $\vec{x} = \begin{pmatrix} 2 \\ 1 \\ -2 \end{pmatrix} + t\begin{pmatrix} 1 \\ -1 \\ -2 \end{pmatrix}$; $t \in \mathbb{R}$.

Bestimmen Sie den Schnittpunkt von g mit der x_1x_2-Koordinatenebene.

Schneidet g auch die anderen Koordinatenebenen? Wenn ja, geben Sie diese Schnittpunkte an.

Lösung

Für alle Punkte auf der x_1x_2-Ebene gilt $x_3 = 0$.

x_3-Koordinate der Geradengleichung: $x_3 = -2 - 2t$

Mit $x_3 = 0$: $-2 - 2t = 0 \Leftrightarrow t = -1$

$t = -1$ in die Geradengleichung einsetzen: $\vec{x} = \begin{pmatrix} 2 \\ 1 \\ -2 \end{pmatrix} - 1 \cdot \begin{pmatrix} 1 \\ -1 \\ -2 \end{pmatrix} = \begin{pmatrix} 1 \\ 2 \\ 0 \end{pmatrix}$

Schnittpunkt von g mit der x_1x_2-Ebene: $S_{12}(1 \mid 2 \mid 0)$

Dieser Punkt heißt **Spurpunkt** der Geraden mit der x_1x_2-Ebene.

Schnittpunkt von g mit der x_1x_3-Ebene:

Bedingung: $x_2 = 0$ $1 - t = 0$

$\quad\quad\quad\quad\quad\quad\quad\quad\quad t = 1$

Spurpunkt S_{13}: $S_{13}(3 \mid 0 \mid -4)$

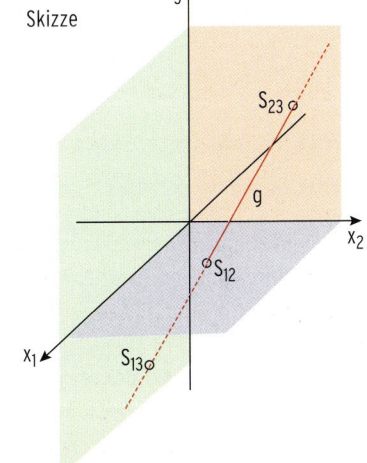

Skizze

Schnittpunkt von g mit der x_2x_3-Ebene:

Bedingung: $x_1 = 0$ $2 + t = 0$

$\quad\quad\quad\quad\quad\quad\quad\quad\quad t = -2$

Spurpunkt S_{23}: $S_{23}(0 \mid 3 \mid 2)$

Beachten Sie:

Schneiden sich eine **Gerade** g und eine **Koordinatenebene** in einem Punkt, so heißt dieser
Punkt **Spurpunkt** der **Geraden** g.

Für die Punkte auf der x_1x_2-Ebene gilt: $x_3 = 0$.

$\quad\quad\quad\quad\quad\quad\quad\quad\quad x_2x_3$-Ebene gilt: $x_1 = 0$.

$\quad\quad\quad\quad\quad\quad\quad\quad\quad x_1x_3$-Ebene gilt: $x_2 = 0$.

Aufgaben

1 Berechnen Sie die Spurpunkte der Geraden g.

a) $g: \vec{x} = \begin{pmatrix} 1 \\ 2 \\ -4 \end{pmatrix} + r\begin{pmatrix} 2 \\ -1 \\ 2 \end{pmatrix}; \; r \in \mathbb{R}$

b) $g: \vec{x} = \begin{pmatrix} -5 \\ 0 \\ 3 \end{pmatrix} + s\begin{pmatrix} 15 \\ -1 \\ 12 \end{pmatrix}; \; s \in \mathbb{R}$

c) $g: \vec{x} = \begin{pmatrix} -3 \\ 5 \\ 7 \end{pmatrix} + t\begin{pmatrix} 1 \\ 0 \\ 0 \end{pmatrix}; \; t \in \mathbb{R}$

d) $g: \vec{x} = \begin{pmatrix} 2 \\ 0 \\ 0 \end{pmatrix} + k\begin{pmatrix} 3 \\ 4 \\ 0 \end{pmatrix}; \; k \in \mathbb{R}$

2 Welche besondere Lagen haben Geraden im Koordinatensystem, wenn sie nur zwei Spurpunkte bzw. nur einen Spurpunkt besitzen?

3 Welcher Punkt der Geraden $g: \vec{x} = \begin{pmatrix} 1 \\ 1 \\ -2 \end{pmatrix} + t\begin{pmatrix} 1 \\ -1 \\ 1 \end{pmatrix}; \; t \in \mathbb{R}$ liegt auf der x_1x_3-Ebene?

4 Gegeben ist die Gerade $g: \vec{x} = \begin{pmatrix} 3 \\ 1 \\ -1 \end{pmatrix} + r\begin{pmatrix} 0 \\ 1 \\ 0 \end{pmatrix}; \; r \in \mathbb{R}$.

Begründen Sie, dass g nur einen Spurpunkt hat. Bestimmen Sie seine Koordinaten.

5 Gegeben sind die Punkte A(−1 | 6 | 3), B(2 | 4 | 4) und C(−1 | 4 | 1). Eine punktförmige Lichtquelle (ein Laserstrahl) in P(0 | 8 | 2) erzeugt auf der x_1x_3-Ebene die Schattenpunkte A′, B′ und C′.
Berechnen Sie die Koordinaten der Schattenpunkte A′, B′ und C′.

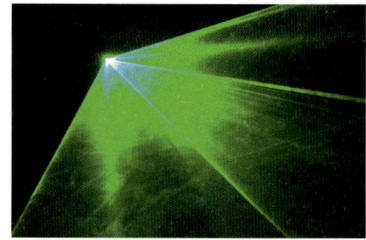

6 An einer senkrechten Hauswand ist in 3 m Höhe ein freitragendes Vordach der Breite $\overline{AB}$ = 6 m befestigt.

Der Vektor $\vec{x} = \begin{pmatrix} 0 \\ 3 \\ 4 \end{pmatrix}$ zeigt die Richtung und die Länge der seitlichen Rahmen an. Bestimmen Sie die Eckpunkte A und B des Vordaches (siehe Skizze).
Eine punktförmige Lichtquelle ist 9 m über der Mitte des Vordaches an der Hauswand befestigt. Die Lichtquelle erzeugt auf dem Boden (senkrecht zur Hauswand) die Schattenpunkte A′ und B′. Bestimmen Sie die Koordinaten von A′ und B′.

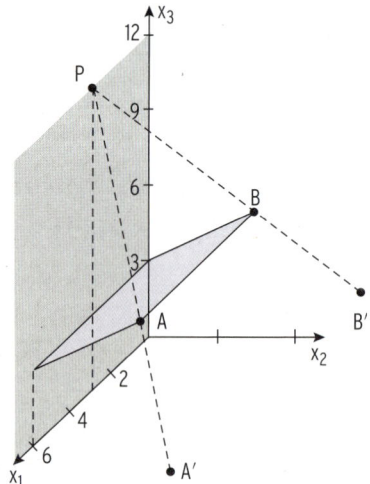

4.3 Gegenseitige Lage von zwei Geraden

Betrachtet man zwei Geraden im Raum,
so stellt sich die Frage, welche Lage sie
zueinander haben können.
Hierbei gibt es vier Möglichkeiten.

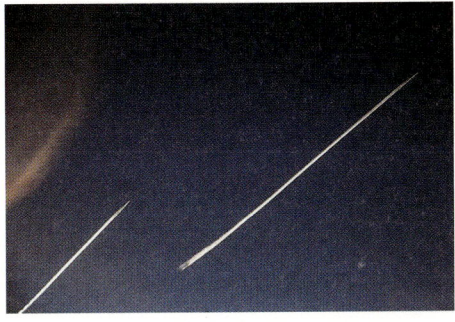

a) Die Geraden g und h **schneiden** sich **in einem Punkt S.**

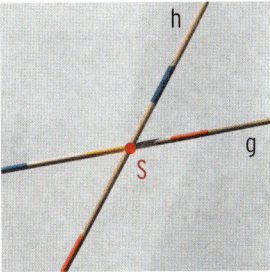

b) Die Geraden g und h sind **parallel** und **verschieden**
(echt parallel).

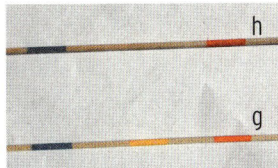

c) Die Geraden g und h schneiden sich nicht und sind
nicht parallel. Sie sind **windschief.**

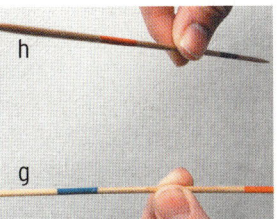

d) Die Geraden g und h sind **identisch.**

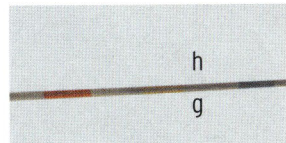

Beispiel

➥ Gegeben sind die Geraden g: $\vec{x} = \begin{pmatrix} 4 \\ -3 \\ 4 \end{pmatrix} + r\begin{pmatrix} 3 \\ -1 \\ 2 \end{pmatrix}$ und h: $\vec{x} = \begin{pmatrix} -1 \\ 2 \\ 0 \end{pmatrix} + s\begin{pmatrix} 1 \\ -2 \\ 1 \end{pmatrix}$; r, s $\in \mathbb{R}$.

Berechnen Sie die Koordinaten des Schnittpunktes S von g und h.

Lösung

Der gemeinsame Punkt S liegt auf g und h, somit gilt für den Ortsvektor $\overrightarrow{OS}$:

$$\vec{x} = \overrightarrow{OS} = \begin{pmatrix} 4 \\ -3 \\ 4 \end{pmatrix} + r\begin{pmatrix} 3 \\ -1 \\ 2 \end{pmatrix} \text{ und } \vec{x} = \overrightarrow{OS} = \begin{pmatrix} -1 \\ 2 \\ 0 \end{pmatrix} + s\begin{pmatrix} 1 \\ -2 \\ 1 \end{pmatrix}$$

Gleichsetzen:

$$\begin{pmatrix} 4 \\ -3 \\ 4 \end{pmatrix} + r\begin{pmatrix} 3 \\ -1 \\ 2 \end{pmatrix} = \begin{pmatrix} -1 \\ 2 \\ 0 \end{pmatrix} + s\begin{pmatrix} 1 \\ -2 \\ 1 \end{pmatrix}$$

Umformung:

$$r\begin{pmatrix} 3 \\ -1 \\ 2 \end{pmatrix} - s\begin{pmatrix} 1 \\ -2 \\ 1 \end{pmatrix} = \begin{pmatrix} -5 \\ 5 \\ -4 \end{pmatrix} \text{ bzw. } r\begin{pmatrix} 3 \\ -1 \\ 2 \end{pmatrix} + s\begin{pmatrix} -1 \\ 2 \\ -1 \end{pmatrix} = \begin{pmatrix} -5 \\ 5 \\ -4 \end{pmatrix}$$

LGS in Matrixform:

$$\begin{array}{cc} r & s \\ \end{array}$$
$$\left(\begin{array}{cc|c} 3 & -1 & -5 \\ -1 & 2 & 5 \\ 2 & -1 & -4 \end{array}\right)$$

Lösen mit dem Additionsverfahren:

$$\left(\begin{array}{cc|c} 3 & -1 & -5 \\ -1 & 2 & 5 \\ 2 & -1 & -4 \end{array}\right) \sim \left(\begin{array}{cc|c} 3 & -1 & -5 \\ 0 & 5 & 10 \\ 0 & 3 & 6 \end{array}\right) \sim \left(\begin{array}{cc|c} 3 & -1 & -5 \\ 0 & 5 & 10 \\ 0 & 0 & 0 \end{array}\right)$$

Auflösung ergibt: s = 2 und r = −1

Das LGS ist damit **eindeutig lösbar,** somit **schneiden** sich die Geraden g und h in **genau einem Punkt S.**

Ortsvektor des Schnittpunktes: $\vec{x} = \overrightarrow{OS} = \begin{pmatrix} -1 \\ 2 \\ 0 \end{pmatrix} + 2\begin{pmatrix} 1 \\ -2 \\ 1 \end{pmatrix} = \begin{pmatrix} 1 \\ -2 \\ 2 \end{pmatrix}$

Schnittpunkt: S(1 | −2 | 2)

Beispiel

➥ Gegeben sind die Geraden g: $\vec{x} = \begin{pmatrix} 7 \\ 4 \\ 2 \end{pmatrix} + r\begin{pmatrix} 3 \\ 2 \\ -2 \end{pmatrix}$ und h: $\vec{x} = \begin{pmatrix} 1 \\ 0 \\ 3 \end{pmatrix} + s\begin{pmatrix} 6 \\ 4 \\ -4 \end{pmatrix}$; r, s $\in \mathbb{R}$.

Untersuchen Sie die gegenseitige Lage der Geraden g und h.

Lösung

Untersuchung auf Parallelität

Die Richtungsvektoren auf lineare Abhängigkeit untersuchen:

$\vec{u} = k\,\vec{v}$: $\begin{pmatrix} 3 \\ 2 \\ -2 \end{pmatrix} = \frac{1}{2}\begin{pmatrix} 6 \\ 4 \\ -4 \end{pmatrix}$

Da der Richtungsvektor von g ein Vielfaches des Richtungsvektors von h ist, sind die Geraden g und h **parallel.**

Mit einer **Punktprobe** stellt man fest, ob die Geraden
g und h parallel und verschieden oder ob sie identisch
sind.

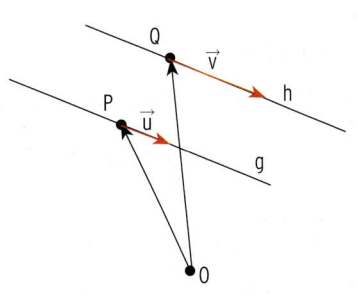

Man kann den Aufpunkt P von g wählen und überprüfen,
ob P auf der Geraden h liegt.

Punktprobe mit P(7 | 4 | 2): $\begin{pmatrix} 7 \\ 4 \\ 2 \end{pmatrix} = \begin{pmatrix} 1 \\ 0 \\ 3 \end{pmatrix} + s \begin{pmatrix} 6 \\ 4 \\ -4 \end{pmatrix}$

Umformung: $\begin{pmatrix} 6 \\ 4 \\ -1 \end{pmatrix} = s \begin{pmatrix} 6 \\ 4 \\ -4 \end{pmatrix}$ $\begin{matrix} s = 1 \\ s = 1 \\ s = 0{,}25 \end{matrix}$

Es gibt kein s, sodass alle drei Gleichungen erfüllt sind.

Die Geraden g und h sind **parallel und verschieden** (echt parallel).

Hinweis: Wenn es ein s gibt, sodass alle drei Gleichungen erfüllt sind, sind die Geraden
identisch.

Beispiel

➥ Gegeben sind die Geraden g: $\vec{x} = \begin{pmatrix} 1 \\ 0 \\ 3 \end{pmatrix} + r \begin{pmatrix} 7 \\ 0 \\ 1 \end{pmatrix}$ und h: $\vec{x} = \begin{pmatrix} 6 \\ -1 \\ 0 \end{pmatrix} + s \begin{pmatrix} -2 \\ 1 \\ 4 \end{pmatrix}$; r, s ∈ ℝ.

Untersuchen Sie die gegenseitige Lage der Geraden g und h.

Lösung

Untersuchung auf Parallelität: $\begin{pmatrix} 7 \\ 0 \\ 1 \end{pmatrix} = k \begin{pmatrix} -2 \\ 1 \\ 4 \end{pmatrix}$ $\begin{matrix} k = -3{,}5 \\ 0 = 0 \\ k = 0{,}25 \end{matrix}$

Es gibt kein k, sodass alle drei Gleichungen erfüllt sind.

Die Richtungsvektoren $\begin{pmatrix} 7 \\ 0 \\ 1 \end{pmatrix}$ und $\begin{pmatrix} -2 \\ 1 \\ 4 \end{pmatrix}$ sind linear unabhängig. g und h sind nicht parallel.

Gleichsetzen: $\begin{pmatrix} 1 \\ 0 \\ 3 \end{pmatrix} + r \begin{pmatrix} 7 \\ 0 \\ 1 \end{pmatrix} = \begin{pmatrix} 6 \\ -1 \\ 0 \end{pmatrix} + s \begin{pmatrix} -2 \\ 1 \\ 4 \end{pmatrix}$

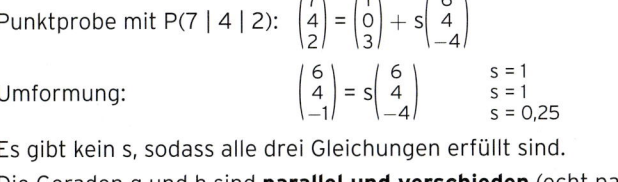

Umformung: $r \begin{pmatrix} 7 \\ 0 \\ 1 \end{pmatrix} + s \begin{pmatrix} 2 \\ -1 \\ -4 \end{pmatrix} = \begin{pmatrix} 5 \\ -1 \\ -3 \end{pmatrix}$

Lösen mit dem Additionsverfahren: $\begin{array}{cc} r & s \end{array}$ $\left(\begin{array}{cc|c} 7 & 2 & 5 \\ 0 & -1 & -1 \\ 1 & -4 & -3 \end{array} \right) \sim \left(\begin{array}{cc|c} 7 & 2 & 5 \\ 0 & -1 & -1 \\ 0 & 30 & 26 \end{array} \right) \sim \left(\begin{array}{cc|c} 7 & 2 & 5 \\ 0 & -1 & -1 \\ 0 & 0 & -4 \end{array} \right)$

Das LGS ist **unlösbar,** somit schneiden sich die Geraden g und h nicht.

g und h sind **nicht parallel** und schneiden sich nicht. Sie sind **windschief.**

Beachten Sie:

Zwei Geraden, die nicht parallel sind und die keinen gemeinsamen Punkt haben, heißen
windschief.

Beispiel

➡ Gegeben sind die Geraden g: $\vec{x} = \begin{pmatrix} 0 \\ 3 \\ -5 \end{pmatrix} + r\begin{pmatrix} 2 \\ -1 \\ 4 \end{pmatrix}$ und h: $\vec{x} = \begin{pmatrix} 7 \\ 3 \\ 2 \end{pmatrix} + s\begin{pmatrix} 3 \\ 2 \\ -1 \end{pmatrix}$; r, s ∈ ℝ.

Zeigen Sie: Die Geraden g und h schneiden sich senkrecht.

Lösung

Lage von g und h

Gleichsetzen ergibt:
$$\begin{pmatrix} 0 \\ 3 \\ -5 \end{pmatrix} + r\begin{pmatrix} 2 \\ -1 \\ 4 \end{pmatrix} = \begin{pmatrix} 7 \\ 3 \\ 2 \end{pmatrix} + s\begin{pmatrix} 3 \\ 2 \\ -1 \end{pmatrix}$$

Umformung:
$$r\begin{pmatrix} 2 \\ -1 \\ 4 \end{pmatrix} + s\begin{pmatrix} -3 \\ -2 \\ 1 \end{pmatrix} = \begin{pmatrix} 7 \\ 0 \\ 7 \end{pmatrix}$$

Lösen des Gleichungssystems:
$$\left(\begin{array}{cc|c} 2 & -3 & 7 \\ -1 & -2 & 0 \\ 4 & 1 & 7 \end{array}\right) \sim \left(\begin{array}{cc|c} 2 & -3 & 7 \\ 0 & -7 & 7 \\ 0 & 7 & -7 \end{array}\right) \sim \left(\begin{array}{cc|c} 2 & -3 & 7 \\ 0 & -7 & 7 \\ 0 & 0 & 0 \end{array}\right)$$

Das LGS ist **eindeutig lösbar,** die Geraden g und h schneiden sich in einem Punkt.

Bedingung für **senkrecht** stehen:

Die Richtungsvektoren $\vec{u}$ und $\vec{v}$ der Geraden g und h stehen senkrecht aufeinander. $\vec{u} \cdot \vec{v} = 0$

Mit $\vec{u} = \begin{pmatrix} 2 \\ -1 \\ 4 \end{pmatrix}$ und $\vec{v} = \begin{pmatrix} 3 \\ 2 \\ -1 \end{pmatrix}$: $\begin{pmatrix} 2 \\ -1 \\ 4 \end{pmatrix} \cdot \begin{pmatrix} 3 \\ 2 \\ -1 \end{pmatrix} = 6 - 2 - 4 = 0$

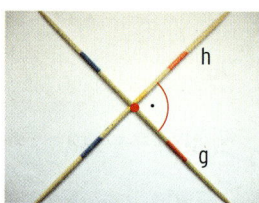

Die Geraden g und h schneiden sich senkrecht, sie sind orthogonal.

Beispiel

➡ Gegeben sind die Geraden g: $\vec{x} = \begin{pmatrix} 0 \\ 4 \\ 3 \end{pmatrix} + r\begin{pmatrix} 2 \\ -2 \\ 1 \end{pmatrix}$ und h: $\vec{x} = \begin{pmatrix} 1 \\ 0 \\ 0 \end{pmatrix} + s\begin{pmatrix} a \\ 1 \\ b \end{pmatrix}$; r, s ∈ ℝ.

Wie müssen a und b gewählt werden, damit g und h parallel verlaufen?

Wie liegen die Geraden in diesem Fall zueinander?

Lösung

Untersuchung auf **Parallelität:** $k\begin{pmatrix} 2 \\ -2 \\ 1 \end{pmatrix} = \begin{pmatrix} a \\ 1 \\ b \end{pmatrix}$ $\begin{aligned} 2k &= a \\ k &= -0{,}5 \\ k &= b \end{aligned}$

Auflösung: a = −1; b = −0,5

Für a = −1 und b = −0,5 verlaufen die Geraden parallel.

Punktprobe mit dem Aufpunkt

A(1 | 0 | 0) von h in g: $\begin{pmatrix} 1 \\ 0 \\ 0 \end{pmatrix} = \begin{pmatrix} 0 \\ 4 \\ 3 \end{pmatrix} + r\begin{pmatrix} 2 \\ -2 \\ 1 \end{pmatrix}$ $\begin{aligned} r &= 0{,}5 \\ r &= 2 \\ r &= -3 \end{aligned}$

Es gibt kein r, sodass alle drei Gleichungen erfüllt sind.

Die Geraden sind für a = −1 und b = −0,5 parallel und verschieden, d. h. echt parallel.

Was man wissen sollte – über die gegenseitige Lage von zwei Geraden

Die Geraden g und h sind gegeben durch

$g: \vec{x} = \overrightarrow{OP} + r\vec{u}; r \in \mathbb{R}$ 　　　　　　　　 $h: \vec{x} = \overrightarrow{OQ} + s\vec{v}; s \in \mathbb{R}$

Untersuchung der gegenseitigen Lage von g und h in zwei Schritten

1. Untersuchung auf Parallelität

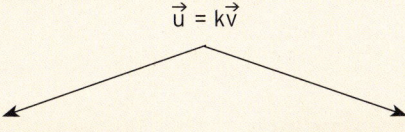

$\vec{u} = k\vec{v}$

Es gibt kein k.
$\vec{u}$ und $\vec{v}$ sind linear unabhängig.
g und h sind nicht parallel.

Es gibt ein k.
$\vec{u}$ und $\vec{v}$ sind linear abhängig.
g und h sind parallel.

2. Gleichsetzen: $\overrightarrow{OP} + r\vec{u} = \overrightarrow{OQ} + s\vec{v}$
Das LGS ist

Punktprobe mit P „in h"
(bzw. Punktprobe mit Q „in g")

eindeutig lösbar.
g und h schneiden
sich in einem Punkt.

unlösbar.
g und h sind
windschief.

P liegt auf h.
g und h sind
identisch.

P liegt nicht auf h.
g und h sind parallel
und verschieden.

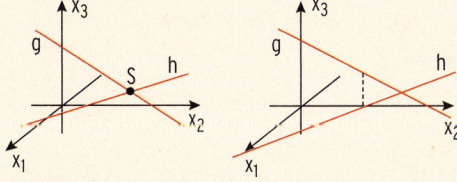
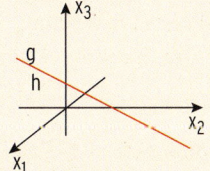
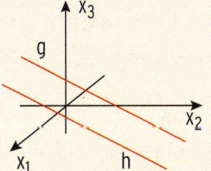

Orthogonale Geraden

Zwei Geraden g und h mit den Richtungsvektoren $\vec{u}$ und $\vec{v}$ sind
orthogonal, wenn gilt: $\vec{u} \cdot \vec{v} = 0$.

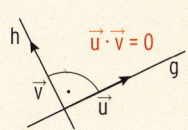

Hinweis: Auch Geraden, die sich nicht schneiden, können orthogonal zueinander sein.

1 Untersuchen Sie die gegenseitige Lage der Geraden g und h.
Berechnen Sie gegebenenfalls die Koordinaten des Schnittpunktes S.

a) $g: \vec{x} = \begin{pmatrix} 1 \\ -2 \\ 1 \end{pmatrix} + r\begin{pmatrix} -3 \\ 2 \\ 1 \end{pmatrix}$; $h: \vec{x} = \begin{pmatrix} -4 \\ 1 \\ 4 \end{pmatrix} + s\begin{pmatrix} 1 \\ -1 \\ 1 \end{pmatrix}$; r, s $\in \mathbb{R}$

b) $g: \vec{x} = \begin{pmatrix} 4 \\ 5 \\ -1 \end{pmatrix} + r\begin{pmatrix} 3 \\ -6 \\ 9 \end{pmatrix}$; $h: \vec{x} = \begin{pmatrix} 1 \\ 2 \\ -1 \end{pmatrix} + s\begin{pmatrix} -1 \\ 2 \\ -3 \end{pmatrix}$; r, s $\in \mathbb{R}$

c) $g: \vec{x} = \begin{pmatrix} 2 \\ -5 \\ 1 \end{pmatrix} + r\begin{pmatrix} 4 \\ 5 \\ 1 \end{pmatrix}$; $h: \vec{x} = \begin{pmatrix} -6 \\ -15 \\ -1 \end{pmatrix} + s\begin{pmatrix} 2 \\ 2,5 \\ 0,5 \end{pmatrix}$; r, s $\in \mathbb{R}$

d) $g: \vec{x} = \begin{pmatrix} 1 \\ 2 \\ -2 \end{pmatrix} + r\begin{pmatrix} -1 \\ 2 \\ 1 \end{pmatrix}$; $h: \vec{x} = \begin{pmatrix} -5 \\ 2 \\ 1 \end{pmatrix} + s\begin{pmatrix} 2 \\ -1 \\ -1 \end{pmatrix}$; r, s $\in \mathbb{R}$

2 Die Gerade g verläuft durch die Punkte A(0 | 5 | 0) und B(0 | 0 | 5).
Die Gerade h verläuft durch die Punkte C(−1 | 4 | 3) und D(5 | 5 | 1).
Untersuchen Sie, ob die Geraden g und h windschief sind.

3 Gegeben ist die Gerade $g: \vec{x} = \begin{pmatrix} -4 \\ 1 \\ 4 \end{pmatrix} + s\begin{pmatrix} 1 \\ 0 \\ 0 \end{pmatrix}$; s $\in \mathbb{R}$.

Die Gerade h schneidet g in einem Punkt.
Die Gerade k verläuft parallel zu g und die Gerade p ist zu g windschief.
Geben Sie jeweils eine Geradengleichung an.

4 Gegeben sind die Punkte A(−1 | 0 | 0), B(3 | 4 | 0), C(0 | 3 | −4) und D(1 | 2 | 0).
Die Gerade g verläuft durch die Punkte A und B und die Gerade h durch C und D.
Zeigen Sie, dass sich die Geraden g und h schneiden. Berechnen Sie die Koordinaten des
Schnittpunktes S. Liegt der Schnittpunkt S zwischen A und B?

5 Die Geraden g und h schneiden sich in einem Punkt.
Überprüfen Sie, ob sich g und h senkrecht schneiden.

a) $g: \vec{x} = \begin{pmatrix} 1 \\ 0 \\ 2 \end{pmatrix} + r\begin{pmatrix} 1 \\ 4 \\ -1 \end{pmatrix}$; r $\in \mathbb{R}$ $h: \vec{x} = \begin{pmatrix} 2 \\ 4 \\ 1 \end{pmatrix} + s\begin{pmatrix} 3 \\ 1 \\ 7 \end{pmatrix}$; s $\in \mathbb{R}$

b) $g: \vec{x} = r\begin{pmatrix} 1 \\ 0 \\ 5 \end{pmatrix}$; r $\in \mathbb{R}$ $h: \vec{x} = \begin{pmatrix} 3 \\ 0 \\ 15 \end{pmatrix} + s\begin{pmatrix} 2 \\ 1 \\ 3 \end{pmatrix}$; s $\in \mathbb{R}$

6 Gegeben sind der Punkt P und die Gerade g. Bestimmen Sie die Gleichung einer Geraden h, die orthogonal zu g ist und durch den Punkt P verläuft.

a) $g: \vec{x} = \begin{pmatrix} 1 \\ 3 \\ 5 \end{pmatrix} + r\begin{pmatrix} 1 \\ 0 \\ 0 \end{pmatrix}$; r $\in \mathbb{R}$, P(6 | 4 | 0)   **b)** $g: \vec{x} = \begin{pmatrix} 0 \\ 1 \\ -5 \end{pmatrix} + r\begin{pmatrix} 2 \\ 1 \\ 0 \end{pmatrix}$; r $\in \mathbb{R}$, P(−3 | 1 | 7)

7 Gegeben sind die Punkte A(6 | 6 | 0), B(2 | 8 | 0) und C(10 | 4 | 0).

a) Zeigen Sie, dass die Punkte A, B und C auf einer Geraden h liegen. Geben Sie eine Gleichung dieser Geraden h in Parameterform an.

b) Gegeben ist eine weitere Gerade g: $\vec{x} = \begin{pmatrix} 1 \\ 2,5 \\ 2 \end{pmatrix} + s \begin{pmatrix} -8 \\ 1 \\ 1 \end{pmatrix}$; $s \in \mathbb{R}$.

Weisen Sie nach, dass sich g und h schneiden. Bestimmen Sie die Koordinaten des Schnittpunktes. Welche besondere Lage hat dieser Punkt?

c) Die Gerade k verläuft parallel zu g durch den Ursprung. Wie liegen die Geraden k und h zueinander? Begründen Sie Ihre Antwort.

d) Zeigen Sie, dass h zwei Koordinatenachsen schneidet. Bestimmen Sie die Schnittpunkte.

8 Gegeben sind die Punkte A(2 | 1 | 1), B(−1 | 3 | 0) und P(1 | 2 | 0). Die Punkte A und B liegen auf der Geraden g. Die Gerade h verläuft parallel zur x_3-Achse durch den Punkt P. Zeigen Sie, dass g und h zueinander windschief sind.

9 Gegeben sind die Geraden g: $\vec{x} = \begin{pmatrix} 0 \\ 0 \\ -4 \end{pmatrix} + r \begin{pmatrix} 1 \\ 2 \\ -2 \end{pmatrix}$ und h: $\vec{x} = \begin{pmatrix} -3 \\ -4 \\ a \end{pmatrix} + s \begin{pmatrix} -1 \\ 0 \\ a \end{pmatrix}$; $a, r, s \in \mathbb{R}$.

a) Untersuchen Sie, ob es ein a gibt, sodass g und h parallel sind.

b) Für welches $k \in \mathbb{R}$ liegt der Punkt A(k | 6 | 1 + 3k) auf g?

10 Gegeben sind die Geraden g_1: $\vec{x} = \begin{pmatrix} 2 \\ 0 \\ 0 \end{pmatrix} + r \begin{pmatrix} 2 \\ 1 \\ 0 \end{pmatrix}$ und g_2: $\vec{x} = \begin{pmatrix} 0 \\ 0 \\ 1 \end{pmatrix} + s \begin{pmatrix} 1 \\ a \\ b \end{pmatrix}$ mit $a, b, r, s \in \mathbb{R}$.

a) Geben Sie an, wie man a und b wählen muss, damit g_2 parallel zu g_1 ist. Untersuchen Sie, ob es möglich ist, a und b so zu wählen, dass die beiden Geraden zusammenfallen. Begründen Sie Ihr Ergebnis.

b) Bestimmen Sie a und b so, dass der Punkt P(8 | 3 | 0) auf g_2 liegt.

11 Hans und Eva zielen jeweils mit einem Laserpointer auf eine Tafel. Der Laserstrahl von Hans verläuft entlang der Geraden

g: $\vec{x} = \begin{pmatrix} 3 \\ 0 \\ 0,5 \end{pmatrix} + r \begin{pmatrix} -2 \\ 1 \\ 1 \end{pmatrix}$; $r \in \mathbb{R}$,

der von Eva entlang der Geraden

h: $\vec{x} = \begin{pmatrix} 4 \\ 3 \\ 1,5 \end{pmatrix} + s \begin{pmatrix} -1 \\ -0,2 \\ 0,2 \end{pmatrix}$; $s \in \mathbb{R}$.

Würden sich die Laserstrahlen ohne Hindernis treffen? Begründen Sie Ihre Antwort.

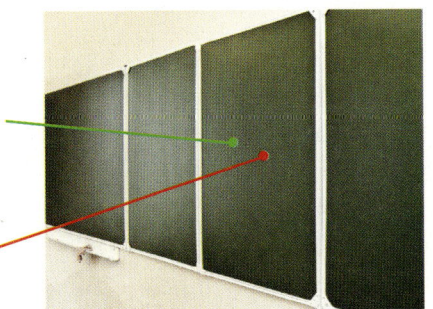

5 Ott, Bohner, Deusch - ISBN 978-3-8120-0638-5

Anwendungsbeispiel

Die Flugbahnen zweier Modellflugzeuge sind durch folgende Gleichungen gegeben:

$$F_1: \vec{x} = \begin{pmatrix} -10 \\ -4 \\ 5 \end{pmatrix} + t \begin{pmatrix} 4 \\ 3 \\ 1 \end{pmatrix} \text{ und } F_2: \vec{x} = \begin{pmatrix} 9 \\ -2 \\ 22 \end{pmatrix} + t \begin{pmatrix} 2 \\ 5 \\ -3 \end{pmatrix}.$$

t ist dabei die Zeit in Sekunden. Die Koordinaten sind in Meter angegeben. Start- und Landeplatz liegen in der x_1x_2-Ebene.

a) Zeigen Sie, dass sich die Flugbahnen schneiden. Prüfen Sie, ob die Flugzeuge zusammenstoßen.

b) Begründen Sie, dass sich eines der beiden Flugzeuge im Sinkflug befindet. Wann unterschreitet dieses Flugzeug die Flughöhe des anderen um einen Meter? Berechnen Sie die Koordinaten seines Landepunktes.

Lösung

a) **Hinweis:** Um den Schnittpunkt zu bestimmen, wählt man verschiedene Parameter r und s.

Lage der zwei Flugbahnen

Flugbahn von F_1: $\vec{x} = \begin{pmatrix} -10 \\ -4 \\ 5 \end{pmatrix} + r \begin{pmatrix} 4 \\ 3 \\ 1 \end{pmatrix}$ Flugbahn von F_2: $\vec{x} = \begin{pmatrix} 9 \\ -2 \\ 22 \end{pmatrix} + s \begin{pmatrix} 2 \\ 5 \\ -3 \end{pmatrix}$

Gleichsetzen führt auf das LGS:
$$\begin{array}{cc} r & s \end{array}$$
$$\left(\begin{array}{cc|c} 4 & -2 & 19 \\ 3 & -5 & 2 \\ 1 & 3 & 17 \end{array} \right) \sim \left(\begin{array}{cc|c} 4 & -2 & 19 \\ 0 & 14 & 49 \\ 0 & -14 & -49 \end{array} \right) \sim \left(\begin{array}{cc|c} 4 & -2 & 19 \\ 0 & 14 & 49 \\ 0 & 0 & 0 \end{array} \right)$$

Auflösung ergibt: s = 3,5 und r = 6,5.

Das LGS ist eindeutig lösbar, damit schneiden sich die Flugbahnen.

Da r ≠ s, erreichen die Flugzeuge den Schnittpunkt zu unterschiedlichen Zeiten. Sie stoßen nicht zusammen.

b) Der Richtungsvektor von F_2 hat eine negative Koordinate $x_3 = -3$, also sinkt das Flugzeug F_2. Das sinkende Flugzeug F_2 fliegt um einen Meter tiefer als das steigende Flugzeug F_1, wenn sich die 3. Koordinate der Flugzeuge um 1 unterscheidet.

F_1: $x_3 = 5 + t$ bzw. F_2: $x_3 = 22 - 3t$ $5 + t - (22 - 3t) = 1$

Lösung der Gleichung: t = 4,5

Nach 4,5 Sekunden unterschreitet das sinkende Flugzeug die Flughöhe des anderen um einen Meter.

Landeplatz: $x_3 = 0$

$22 - 3t = 0$

$t = \dfrac{22}{3}$

Landepunkt: P(23,7 | 34,7 | 0)

Aufgaben

1 Im Anschauungsraum wird zum Zeitpunkt null im Punkt P(24 | 30 | 0) ein Flugzeug A wahrgenommen, dessen geradlinige Flugbahn durch den Punkt Q(6 | 21 | 18) führt. Ein Flugzeug B befindet sich zum Zeitpunkt null im Punkt R(−10 | 46 | 1). Seine geradlinige Flugbahn führt durch den Punkt T(8 | 28 | 10).

a) Zeigen Sie, dass sich die Flugbahnen der beiden Flugkörper schneiden, und bestimmen Sie die Koordinaten des Schnittpunktes. Stoßen die Flugzeuge zusammen? Begründen Sie Ihre Antwort.

b) In einer Zeiteinheit legt Flugzeug A die Wegstrecke von P nach Q zurück, Flugzeug B den dritten Teil der Wegstrecke von R nach T. Untersuchen Sie, in welchen Positionen sich jeweils Flugzeug A und Flugzeug B nach einer halben Zeiteinheit befinden.

2 Ein Wal befindet sich auf Beutezug. Das Koordinatensystem wird so gewählt, dass die Meeresoberfläche in der x_1x_2-Ebene liegt. Alle Ortskoordinaten sind in km, alle Geschwindigkeiten in km/h angegeben. Das Zentrum eines Fischschwarms befindet sich im Punkt S(3 | 0 | −0,15) und verändert seine Position nicht. Der Wal bewegt sich auf der Geraden

$$h: \vec{x} = \begin{pmatrix} 2 \\ 1 \\ -0,4 \end{pmatrix} + t\begin{pmatrix} 2 \\ -2 \\ 0,5 \end{pmatrix}; t \in \mathbb{R}.$$

Dabei gibt t die seit Beobachtungsbeginn vergangene Zeit in Stunden an. Bestimmen Sie den Zeitpunkt, zu dem der Wal auftauchen würde. Weisen Sie nach, dass der Wal den Fischschwarm nicht verfehlt. Bestimmen Sie den Zeitpunkt seines Fangs. (Nach einer Prüfungsaufgabe.)

3 Robert und Maria spielen mit Laserpointern. Die Spitze von Roberts Pointer befindet sich im Punkt A(4 | 2 | 1,4), die Richtung des Strahls ist durch den Vektor $\vec{u} = \begin{pmatrix} -1 \\ 0,4 \\ 0,2 \end{pmatrix}$ gegeben.

Die Spitze von Marias Pointer befindet sich im Punkt B(3 | 4 | 2) und der Strahl trifft einen Gegenstand im Punkt C(0 | 2,8 | 2). Alle Koordinaten sind in Meter angegeben. Zeigen Sie, dass sich die Laserstrahlen schneiden. Bestimmen Sie den Schnittpunkt.

4 Ein Bussard kreist über einem Feld und erspäht eine Maus auf dem Boden (x_1x_2-Ebene). Er fliegt von A(39 | 3 | 36)

aus geradlinig in Richtung $\begin{pmatrix} 1 \\ -3 \\ -6 \end{pmatrix}$ auf die (ruhende) Maus zu (1 LE ≙ 10 m).

Ermitteln Sie die Koordinaten des Punktes, in dem sich die Maus befindet.

Test zur Überprüfung Ihrer Grundkenntnisse

1 Die Punkte A(1 | 2 | 4), B(3 | 5 | 3), C(−1 | 7 | 5) und D(−3 | 4 | 6) bilden das Viereck ABCD.

a) Ist das Viereck ABCD ein Parallelogramm? Überprüfen Sie.

b) Bestimmen Sie den Mittelpunkt der Diagonalen AC. Berechnen Sie die Länge der Diagonalen AC.

2 Gegeben sind die Vektoren $\vec{a} = \begin{pmatrix} 2 \\ -1 \\ 4 \end{pmatrix}$, $\vec{b} = \begin{pmatrix} -3 \\ 2 \\ 0 \end{pmatrix}$ und $\vec{c} = \begin{pmatrix} -4 \\ 2 \\ -2 \end{pmatrix}$.

Berechnen Sie:

a) $\vec{a} + 3\vec{b} - 2\vec{c}$ **b)** $\vec{a} \cdot \vec{b}$ **c)** $\vec{b} \times \vec{a}$ **d)** $(\vec{a} \times \vec{b}) \cdot \vec{c}$

3 Überprüfen Sie, ob die Vektoren $\vec{u}$ und $\vec{v}$ senkrecht aufeinander stehen.

a) $\vec{u} = \begin{pmatrix} 0 \\ 0 \\ 1 \end{pmatrix}$, $\vec{v} = \begin{pmatrix} 17 \\ 33 \\ 0 \end{pmatrix}$ **b)** $\vec{u} = \begin{pmatrix} -3 \\ 1 \\ 4 \end{pmatrix}$, $\vec{v} = \begin{pmatrix} 2 \\ 2 \\ 1 \end{pmatrix}$ **c)** $\vec{u} = \begin{pmatrix} 0 \\ 1 \\ -5 \end{pmatrix}$, $\vec{v} = \begin{pmatrix} 7 \\ -2 \\ -1 \end{pmatrix}$

4 Berechnen Sie einen Normalenvektor zu den Vektoren $\vec{a} = \begin{pmatrix} 4 \\ -1 \\ 3 \end{pmatrix}$ und $\vec{b} = \begin{pmatrix} 5 \\ 2 \\ -1 \end{pmatrix}$.

5 Gegeben sind die Punkte A(−2 | 4 | 5), B(4 | 6 | 7) und C(1 | 5 | 6).
Die Gerade g verläuft durch die Punkte A und B.

a) Zeigen Sie, dass der Punkt C auf einer Geraden zwischen A und B liegt.

b) Berechnen Sie den Spurpunkt von g mit der x_1x_2-Ebene.

6 Gegeben ist die Gerade g: $\vec{x} = \begin{pmatrix} 1 \\ -2 \\ 1 \end{pmatrix} + r \begin{pmatrix} -2 \\ 1 \\ 1 \end{pmatrix}$; $r \in \mathbb{R}$.

Die Gerade h verläuft durch die Punkte A(2 | 0 | 3) und B(−3 | 2 | 1).
Überprüfen Sie, ob die Geraden g und h windschief sind.

7 Die Dachspitze S eines Hauses wirft an sonnigen Tagen einen Schattenpunkt S′ auf den Boden der Terrasse (x_1x_2-Ebene). Eine Längeneinheit entspricht 1 m. Innerhalb einer Stunde verläuft der Schattenpunkt S′ entlang der Geraden

g: $\vec{x} = \begin{pmatrix} 5 \\ 4 \\ 0 \end{pmatrix} + t \begin{pmatrix} -5 \\ 1,5 \\ 0 \end{pmatrix}$; $0 \leq t \leq 1$, t in h.

Wie viel Meter legt der Schattenpunkt in dieser Stunde zurück?

5 Ebenen im Anschauungsraum

5.1 Parameterform einer Ebenengleichung

Die Abbildung zeigt einen Ausschnitt der Ebene E,
die durch den Punkt P und die beiden Richtungsvektoren $\vec{u}$ und $\vec{v}$ festgelegt ist.
Die Richtungsvektoren $\vec{u}$ und $\vec{v}$ sind nicht
parallel.

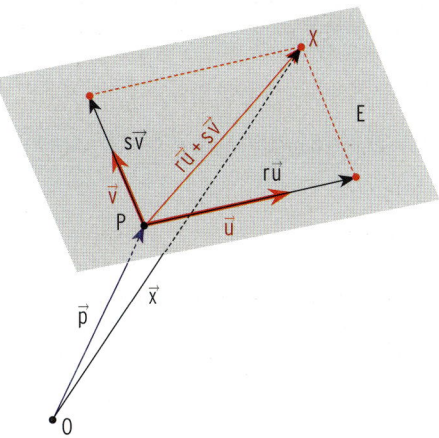

Punkt-Richtungs-Form

Um die Ebene durch eine Gleichung zu beschreiben, überlegt man sich, wie ein Punkt auf
E erreicht werden kann. Ein beliebiger Punkt X
auf E hat den Ortsvektor $\overrightarrow{OX} = \vec{p} + r\vec{u} + s\vec{v}$.
Für jede Wahl der Parameter r und s erhält
man einen Ebenenpunkt X.

Beachten Sie:

Ist P ein Punkt mit dem Ortsvektor $\vec{p}$ und sind $\vec{u}$ und $\vec{v}$ zwei nicht parallele (linear unab-
hängige) Richtungsvektoren, dann kann eine Ebene E durch folgende Gleichung beschrie-
ben werden:

$$E: \vec{x} = \vec{p} + r\vec{u} + s\vec{v}; \; r, s \in \mathbb{R}.$$

Diese Form der Ebenengleichung nennt man **Parameterform** (oder Vektorform).
Da die Ebene durch einen Punkt und zwei Richtungsvektoren bestimmt ist,
heißt diese Form der Ebenengleichung auch „**Punkt-Richtungs-Form**".

Bemerkung: Der Vektor $\vec{p}$ heißt **Stützvektor (Aufpunktvektor).**
Die Vektoren $\vec{u}$ und $\vec{v}$ sind die **Richtungsvektoren** oder **Spannvektoren** der
Ebene E.
Man sagt: Die Ebene E wird von den Vektoren $\vec{u}$ und $\vec{v}$ „**aufgespannt**".

Beispiel

⮕ Die Ebene E enthält den Punkt P(1 | 3 | −3) und wird von den Richtungsvektoren

$\vec{u} = \begin{pmatrix} -1 \\ 0 \\ 2 \end{pmatrix}$ und $\vec{v} = \begin{pmatrix} 3 \\ 2 \\ -3 \end{pmatrix}$ aufgespannt. Geben Sie eine Gleichung von E an.

Lösung

Mit $\vec{p} = \overrightarrow{OP} = \begin{pmatrix} 1 \\ 3 \\ -3 \end{pmatrix}$: $\quad \vec{x} = \begin{pmatrix} 1 \\ 3 \\ -3 \end{pmatrix} + r\begin{pmatrix} -1 \\ 0 \\ 2 \end{pmatrix} + s\begin{pmatrix} 3 \\ 2 \\ -3 \end{pmatrix}$; r, s $\in \mathbb{R}$.

Drei-Punkte-Form

Die Richtungsvektoren $\vec{u}$ und $\vec{v}$ erhält man als Differenz der Ortsvektoren $\overrightarrow{OA}$ und $\overrightarrow{OB}$ bzw. $\overrightarrow{OA}$ und $\overrightarrow{OC}$.

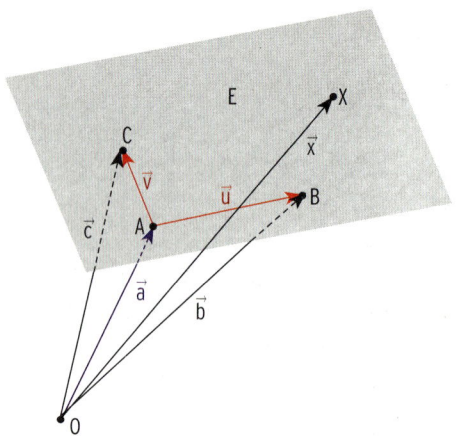

Es gilt: $\vec{u} = \vec{b} - \vec{a}$ bzw. $\vec{v} = \vec{c} - \vec{a}$

oder: $\vec{u} = \overrightarrow{OB} - \overrightarrow{OA}$ bzw. $\vec{v} = \overrightarrow{OC} - \overrightarrow{OA}$

Beachten Sie:

Die Punkte A, B und C liegen nicht auf einer Geraden und die zugehörigen Ortsvektoren sind $\vec{a}$, $\vec{b}$ und $\vec{c}$. Die Ebene E, welche diese drei Punkte enthält, kann durch folgende Gleichung beschrieben werden:

$$E: \vec{x} = \overrightarrow{OA} + r\,\overrightarrow{AB} + s\,\overrightarrow{AC}; \ r, s \in \mathbb{R}.$$

bzw.

$$E: \vec{x} = \vec{a} + r(\vec{b} - \vec{a}) + s(\vec{c} - \vec{a}); \ r, s \in \mathbb{R}.$$

Diese Parameterdarstellung heißt „**Drei-Punkte-Form**" der Ebenengleichung.

Beispiel

➡ Die Punkte A(2 | 1 | 3), B(−1 | −4 | 0) und C(5 | −6 | 0) legen eine Ebene E fest. Bestimmen Sie eine Gleichung der Ebene E.

Lösung

Möglicher **Stützvektor**:
$$\vec{a} = \overrightarrow{OA} = \begin{pmatrix} 2 \\ 1 \\ 3 \end{pmatrix}$$

Bestimmung von zwei **Richtungsvektoren** $\vec{u}$ und $\vec{v}$:

Richtungsvektor $\vec{u}$:
$$\vec{u} = \overrightarrow{AB} = \overrightarrow{OB} - \overrightarrow{OA} = \begin{pmatrix} -1 \\ -4 \\ 0 \end{pmatrix} - \begin{pmatrix} 2 \\ 1 \\ 3 \end{pmatrix} = \begin{pmatrix} -3 \\ -5 \\ -3 \end{pmatrix}$$

Richtungsvektor $\vec{v}$:
$$\vec{v} = \overrightarrow{AC} = \overrightarrow{OC} - \overrightarrow{OA} = \begin{pmatrix} 5 \\ -6 \\ 0 \end{pmatrix} - \begin{pmatrix} 2 \\ 1 \\ 3 \end{pmatrix} = \begin{pmatrix} 3 \\ -7 \\ -3 \end{pmatrix}$$

Punkt-Richtungs-Form von E:
$$\vec{x} = \begin{pmatrix} 2 \\ 1 \\ 3 \end{pmatrix} + r\begin{pmatrix} -3 \\ -5 \\ -3 \end{pmatrix} + s\begin{pmatrix} 3 \\ -7 \\ -3 \end{pmatrix}; \ r, s \in \mathbb{R}$$

Die Richtungsvektoren sind nicht parallel, da es kein $k \in \mathbb{R}$ gibt, sodass $\begin{pmatrix} -3 \\ -5 \\ -3 \end{pmatrix} = k\begin{pmatrix} 3 \\ -7 \\ -3 \end{pmatrix}$.

Die drei Punkte liegen nicht auf einer Geraden.

A, B und C spannen somit eine Ebene auf.

Beispiel

➲ Gegeben sind der Punkt C(0 | 3 | −5) und die Gerade g: $\vec{x} = \begin{pmatrix} 1 \\ 5 \\ 2 \end{pmatrix} + r\begin{pmatrix} 1 \\ 0 \\ 1 \end{pmatrix}$; $r \in \mathbb{R}$.

Zeigen Sie, dass der Punkt C und die Gerade g eine Ebene E aufspannen und geben Sie eine Gleichung von E an.

Lösung

Der Punkt C und die Gerade g spannen eine Ebene auf, wenn C nicht auf g liegt.

„Punktprobe" mit C:

Ansatz: $\overrightarrow{OC} = \vec{x}$ $\begin{pmatrix} 0 \\ 3 \\ -5 \end{pmatrix} = \begin{pmatrix} 1 \\ 5 \\ 2 \end{pmatrix} + r\begin{pmatrix} 1 \\ 0 \\ 1 \end{pmatrix}$

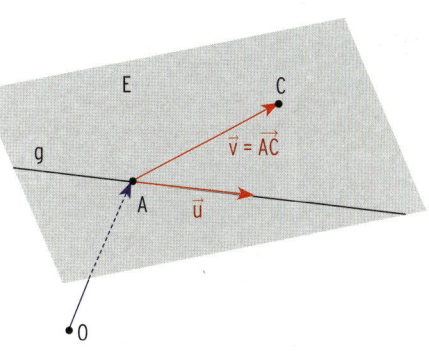

2. Zeile: 3 = 5 falsche Aussage, d.h., C ∉ g.

Als Richtungsvektoren können $\vec{u} = \begin{pmatrix} 1 \\ 0 \\ 1 \end{pmatrix}$ und

$\vec{v} = \overrightarrow{AC}$ mit A(1 | 5 | 2) gewählt werden.

Gleichung von E: $\vec{x} = \begin{pmatrix} 1 \\ 5 \\ 2 \end{pmatrix} + r\begin{pmatrix} 1 \\ 0 \\ 1 \end{pmatrix} + s\left(\begin{pmatrix} 0 \\ 3 \\ -5 \end{pmatrix} - \begin{pmatrix} 1 \\ 5 \\ 2 \end{pmatrix} \right)$

$\vec{x} = \begin{pmatrix} 1 \\ 5 \\ 2 \end{pmatrix} + r\begin{pmatrix} 1 \\ 0 \\ 1 \end{pmatrix} + s\begin{pmatrix} -1 \\ -2 \\ -7 \end{pmatrix}$; $r, s \in \mathbb{R}$

Besondere Ebenen

Koordinatenebenen

x_1x_2-Ebene: $\vec{x} = r\begin{pmatrix} 1 \\ 0 \\ 0 \end{pmatrix} + s\begin{pmatrix} 0 \\ 1 \\ 0 \end{pmatrix}$; $r, s \in \mathbb{R}$

x_1x_3-Ebene: $x = r\begin{pmatrix} 1 \\ 0 \\ 0 \end{pmatrix} + s\begin{pmatrix} 0 \\ 0 \\ 1 \end{pmatrix}$; $r, s \in \mathbb{R}$

x_2x_3-Ebene: $\vec{x} = r\begin{pmatrix} 0 \\ 1 \\ 0 \end{pmatrix} + s\begin{pmatrix} 0 \\ 0 \\ 1 \end{pmatrix}$; $r, s \in \mathbb{R}$

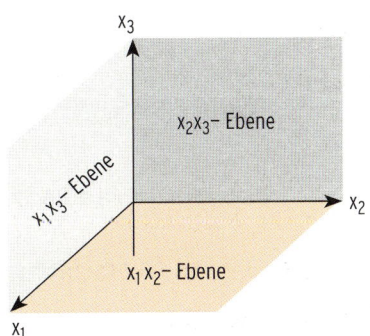

Die Ebene E verläuft parallel zur x_1x_3-Ebene durch P(0 | 4 | 0).

E: $\vec{x} = \begin{pmatrix} 0 \\ 4 \\ 0 \end{pmatrix} + r\begin{pmatrix} 1 \\ 0 \\ 0 \end{pmatrix} + s\begin{pmatrix} 0 \\ 0 \\ 1 \end{pmatrix}$; $r, s \in \mathbb{R}$

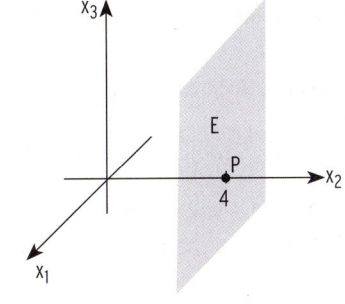

Beispiel

➲ Gegeben ist die Ebene E durch $\vec{x} = \begin{pmatrix} 1 \\ 0 \\ 2 \end{pmatrix} + r\begin{pmatrix} -2 \\ 2 \\ 1 \end{pmatrix} + s\begin{pmatrix} 1 \\ -3 \\ 1 \end{pmatrix}$; r, s ∈ ℝ.

a) Bestimmen Sie zwei Punkte auf der Ebene E.

b) Geben Sie eine weitere Gleichung der Ebene E in Parameterform an.

c) Überprüfen Sie, ob der Punkt D(5 | 0 | −3) auf E liegt.

d) Geben Sie die Gleichung einer Geraden an, die in der Ebene E liegt.

Lösung

a) Der Aufpunkt A(1 | 0 | 2) ist ein Ebenenpunkt.

Um einen weiteren Punkt auf der Ebene zu bestimmen,

wählt man z. B. r = 3 und s = −1: $\vec{x} = \begin{pmatrix} 1 \\ 0 \\ 2 \end{pmatrix} + 3\begin{pmatrix} -2 \\ 2 \\ 1 \end{pmatrix} + (-1)\begin{pmatrix} 1 \\ -3 \\ 1 \end{pmatrix} = \begin{pmatrix} -6 \\ 9 \\ 4 \end{pmatrix}$

Weiterer Punkt auf E: P(−6 | 9 | 4)

b) Als Aufpunkt kann man einen beliebigen Punkt auf der Ebene E wählen.

Mit dem Aufpunkt P erhält man: $E: \vec{x} = \begin{pmatrix} -6 \\ 9 \\ 4 \end{pmatrix} + r\begin{pmatrix} -2 \\ 2 \\ 1 \end{pmatrix} + s\begin{pmatrix} 1 \\ -3 \\ 1 \end{pmatrix}$

c) „Punktprobe" mit D

Zum Punkt D(5 | 0 | -3) gehört der Ortsvektor $\vec{d} = \overrightarrow{OD} = \begin{pmatrix} 5 \\ 0 \\ -3 \end{pmatrix}$.

Wenn der Punkt D auf E liegt, muss es
Zahlen r und s geben, sodass gilt: $\begin{pmatrix} 5 \\ 0 \\ -3 \end{pmatrix} = \begin{pmatrix} 1 \\ 0 \\ 2 \end{pmatrix} + r\begin{pmatrix} -2 \\ 2 \\ 1 \end{pmatrix} + s\begin{pmatrix} 1 \\ -3 \\ 1 \end{pmatrix}$

Umformung: $r\begin{pmatrix} -2 \\ 2 \\ 1 \end{pmatrix} + s\begin{pmatrix} 1 \\ -3 \\ 1 \end{pmatrix} = \begin{pmatrix} 4 \\ 0 \\ -5 \end{pmatrix}$

LGS für r und s
Hinweis: Das LGS enthält drei Gleichungen mit zwei Unbekannten.

LGS umformen: $\left(\begin{array}{cc|c} -2 & 1 & 4 \\ 2 & -3 & 0 \\ 1 & 1 & -5 \end{array}\right)$

$\left(\begin{array}{cc|c} -2 & 1 & 4 \\ 0 & -2 & 4 \\ 0 & 3 & -6 \end{array}\right)$

$\left(\begin{array}{cc|c} -2 & 1 & 4 \\ 0 & -2 & 4 \\ 0 & 0 & 0 \end{array}\right)$

Das LGS ist (eindeutig) **lösbar:**   s = −2; r = −3
Der Punkt D liegt auf E.

d) Die Gerade g: $\vec{x} = \begin{pmatrix} 1 \\ 0 \\ 2 \end{pmatrix} + r\begin{pmatrix} -2 \\ 2 \\ 1 \end{pmatrix}$, r ∈ ℝ, liegt in der Ebene E.

Aufgaben

1 Bestimmen Sie eine Gleichung der Ebene E, sodass nur ganze Zahlen in den Richtungsvektoren (Spannvektoren) auftreten.

a) $E: \vec{x} = \begin{pmatrix} 1 \\ -2 \\ 2 \end{pmatrix} + r\begin{pmatrix} -0,5 \\ 0,75 \\ 0,75 \end{pmatrix} + s\begin{pmatrix} 2 \\ 1,5 \\ 3 \end{pmatrix}$; r, s ∈ ℝ

b) $E: \vec{x} = \begin{pmatrix} 1 \\ 0 \\ 0 \end{pmatrix} + r\begin{pmatrix} 0,2 \\ 0,4 \\ 0,6 \end{pmatrix} + s\begin{pmatrix} 0,3 \\ -1,2 \\ 1,5 \end{pmatrix}$; r, s ∈ ℝ

2 Geben Sie zwei verschiedene Parameterdarstellungen der Ebene E durch die Punkte A, B
und C an.

a) A(1 | 1 | 1); B(3 | 1 | 2); C(0 | 3 | 3)

b) A(0 | 0 | 0); B(−2 | 4 | 1); C(3 | −1 | 3)

3 Gegeben ist die Ebene E durch die Gleichung $E: \vec{x} = \begin{pmatrix} 1 \\ -2 \\ 2 \end{pmatrix} + r\begin{pmatrix} -2 \\ 4 \\ 6 \end{pmatrix} + s\begin{pmatrix} 4 \\ -3 \\ 2 \end{pmatrix}$; r, s ∈ ℝ.

Prüfen Sie, ob die Punkte A(8 | −6 | 9) und B(12 | 1 | 1) in E liegen.

4 Untersuchen Sie, ob folgende 4 Punkte in einer Ebene liegen.

a) A(1 | 1 | 2); B(3 | 3 | 3); C(1 | 4 | 5); D(3 | 6 | 6)

b) A(0 | 2 | −2); B(2 | −2 | 4); C(6 | −4 | 12); D(3 | −3 | 6)

5 Welche Ebene E enthält den Punkt P und die Gerade g?

a) P(1 | 1 | −3); $g: \vec{x} = \begin{pmatrix} -1 \\ 2 \\ 3 \end{pmatrix} + k\begin{pmatrix} 0 \\ 1 \\ -1 \end{pmatrix}$; k ∈ ℝ

b) P(2 | 2 | 2); $g: \vec{x} = \begin{pmatrix} -1 \\ 2 \\ 3 \end{pmatrix} + k\begin{pmatrix} 3 \\ -5 \\ -1 \end{pmatrix}$; k ∈ ℝ

6 Gegeben sind die Geraden $g: \vec{x} = \begin{pmatrix} 1 \\ 0 \\ 2 \end{pmatrix} + r\begin{pmatrix} 1 \\ -1 \\ 1 \end{pmatrix}$ mit r ∈ ℝ und $h: \vec{x} = \begin{pmatrix} 1 \\ -5 \\ 4 \end{pmatrix} + s\begin{pmatrix} 2 \\ 3 \\ 0 \end{pmatrix}$ mit s ∈ ℝ.

Zeigen Sie, dass die Geraden g und h eine Ebene E aufspannen.
Bestimmen Sie eine Gleichung der Ebene E in Parameterform.

7 Gegeben sind die Geraden g und h durch

$g: \vec{x} = \begin{pmatrix} -1 \\ 2 \\ 3 \end{pmatrix} + k\begin{pmatrix} 1 \\ 2 \\ 1 \end{pmatrix}$; k ∈ ℝ; $h: \vec{x} = \begin{pmatrix} 3 \\ 2 \\ 1 \end{pmatrix} + r\begin{pmatrix} 3 \\ 6 \\ 3 \end{pmatrix}$; r ∈ ℝ.

a) Zeigen Sie, dass die Geraden g und h parallel und verschieden sind.

b) g und h legen eine Ebene E fest. Bestimmen Sie eine Gleichung von E.

8 Gegeben sind die Punkte A(4 | 2 | 1), B(8 | 6 | 1), C(6 | 8 | 1), D(2 | 4 | 1) und P(3,5 | 4,5 | 1).
Prüfen Sie, ob der Punkt P im Inneren des Rechtecks ABCD liegt.

9 Welche besondere Lage hat die Ebene mit der Gleichung $\vec{x} = \begin{pmatrix} 0 \\ 0 \\ 1 \end{pmatrix} + r\begin{pmatrix} 1 \\ 0 \\ 0 \end{pmatrix} + s\begin{pmatrix} 0 \\ 1 \\ 0 \end{pmatrix}$; r, s ∈ ℝ?

a) Zeichnen Sie diese Ebene in ein geeignetes Koordinatensystem ein.

b) Geben Sie einen Punkt an, der nicht auf der Ebene E liegt.

c) Geben Sie die Gleichung einer Geraden an, die in der Ebene E liegt.

5.2 Normalen- und Koordinatenform

Normalenform

Bisher wurde eine Ebenengleichung mit einem Stützvektor und zwei Richtungsvektoren (Spannvektoren) beschrieben. Man kann auch eine Ebenengleichung mithilfe eines Stützvektors und eines Vektors, der senkrecht auf der Ebene steht, angeben.

Vorüberlegungen

P liegt auf E mit Ortsvektor $\overrightarrow{OP}$.

X: Punkt auf der Ebene E

$\vec{x} = \overrightarrow{OX}$

$\vec{n}$: Vektor, der senkrecht auf der Ebene E (Normalenvektor) und somit senkrecht auf $\vec{x} - \vec{p}$ steht.

Für senkrecht stehende Vektoren gilt:

$(\vec{x} - \vec{p}) \cdot \vec{n} = 0.$

Alle Punkte auf E erfüllen diese Gleichung.

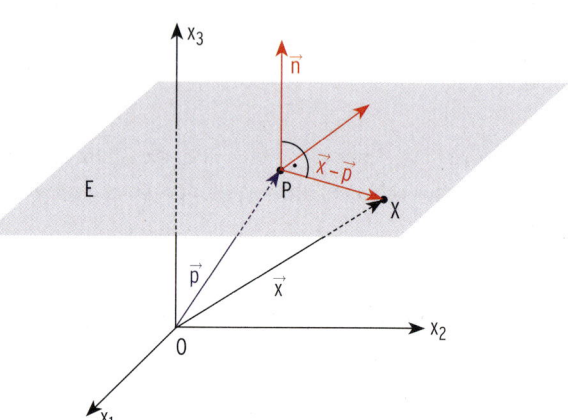

Beachten Sie:

Die Gleichung der Form $(\vec{x} - \vec{p}) \cdot \vec{n} = 0$ heißt **Normalenform** der Ebenengleichung. $\vec{p}$ ist ein Stützvektor. Der Vektor $\vec{n}$ ist ein **Normalenvektor** der Ebene E.

Von der Parameterform zur Normalenform

Beispiel

⮕ Die Gleichung der Ebene E (in Parameterform) ist gegeben durch

$$\vec{x} = \begin{pmatrix} 1 \\ 3 \\ -3 \end{pmatrix} + r\begin{pmatrix} -1 \\ 0 \\ 2 \end{pmatrix} + s\begin{pmatrix} 3 \\ 2 \\ -3 \end{pmatrix}; r, s \in \mathbb{R}.$$

Bestimmen Sie eine Gleichung von E in Normalenform.

Lösung

Ein Normalenvektor von E: $\vec{n} = \vec{u} \times \vec{v}$ Vektorprodukt

Mit $\vec{u} = \begin{pmatrix} -1 \\ 0 \\ 2 \end{pmatrix}$ und $\vec{v} = \begin{pmatrix} 3 \\ 2 \\ -3 \end{pmatrix}$: $\vec{n} = \begin{pmatrix} -1 \\ 0 \\ 2 \end{pmatrix} \times \begin{pmatrix} 3 \\ 2 \\ -3 \end{pmatrix} = \begin{pmatrix} -4 \\ 3 \\ -2 \end{pmatrix}$

$\vec{p} = \overrightarrow{OP} = \begin{pmatrix} 1 \\ 3 \\ -3 \end{pmatrix}$; $(\vec{x} - \vec{p}) \cdot \vec{n} = 0$: $\left(\vec{x} - \begin{pmatrix} 1 \\ 3 \\ -3 \end{pmatrix} \right) \cdot \begin{pmatrix} -4 \\ 3 \\ -2 \end{pmatrix} = 0$

Von der Normalenform zur Koordinatenform

Multipliziert man das Skalarprodukt aus, so erhält man eine weitere Form.

Normalenform:

$$\left(\vec{x} - \begin{pmatrix} 1 \\ 3 \\ -3 \end{pmatrix}\right) \cdot \begin{pmatrix} -4 \\ 3 \\ -2 \end{pmatrix} = 0$$

Ausmultiplizieren:

$$\vec{x} \cdot \begin{pmatrix} -4 \\ 3 \\ -2 \end{pmatrix} - \begin{pmatrix} 1 \\ 3 \\ -3 \end{pmatrix} \cdot \begin{pmatrix} -4 \\ 3 \\ -2 \end{pmatrix} = 0$$

Mit $\vec{x} = \begin{pmatrix} x_1 \\ x_2 \\ x_3 \end{pmatrix}$ erhält man:

$$\begin{pmatrix} x_1 \\ x_2 \\ x_3 \end{pmatrix} \cdot \begin{pmatrix} -4 \\ 3 \\ -2 \end{pmatrix} - \begin{pmatrix} 1 \\ 3 \\ -3 \end{pmatrix} \cdot \begin{pmatrix} -4 \\ 3 \\ -2 \end{pmatrix} = 0$$

$\begin{pmatrix} 1 \\ 3 \\ -3 \end{pmatrix} \cdot \begin{pmatrix} -4 \\ 3 \\ -2 \end{pmatrix} = -4 + 9 + 6 = 11$:

$$-4x_1 + 3x_2 - 2x_3 - 11 = 0$$

bzw.

$$-4x_1 + 3x_2 - 2x_3 = 11$$

Diese Form einer Ebenengleichung heißt **Koordinatenform.**

Hinweis: Die **Koeffizienten** -4, 3 und -2 sind die **Koordinaten des Normalenvektors.**

Beachten Sie:

Die Gleichung **$n_1 x_1 + n_2 x_2 + n_3 x_3 = b$** heißt Koordinatenform der Ebenengleichung, falls die Koeffizienten n_1, n_2, n_3 nicht alle Null sind.

Der Vektor $\begin{pmatrix} n_1 \\ n_2 \\ n_3 \end{pmatrix}$ ist ein Normalenvektor der Ebene E.

Von der Koordinatenform zur Normalenform

Beispiel

➲ Bestimmen Sie für die Ebene E mit der Koordinatenform $2x_1 - 3x_2 + x_3 = 8$ eine Gleichung in der Normalenform.

Lösung

Ein Normalenvektor:

$$\vec{n} = \begin{pmatrix} 2 \\ -3 \\ 1 \end{pmatrix}$$

Ansatz: $(\vec{x} - \vec{p}) \cdot \vec{n} = 0$

$$(\vec{x} - \vec{p}) \cdot \begin{pmatrix} 2 \\ -3 \\ 1 \end{pmatrix} = 0$$

Stützvektor $\vec{p}$ bzw. Aufpunkt P bestimmen:

Einen Punkt der Ebene erhält man mithilfe der Koordinatenform. Koordinaten geschickt wählen, z. B. $x_2 = x_3 = 0$.

x_1 berechnen:　　　　　　　　　　　　　　　$2x_1 = 8$ für $x_1 = 4$

Punkt P(4 | 0 | 0), Stützvektor $\vec{p} = \overrightarrow{OP}$

Ebenengleichung in Normalenform:

$$\left(\vec{x} - \begin{pmatrix} 4 \\ 0 \\ 0 \end{pmatrix}\right) \cdot \begin{pmatrix} 2 \\ -3 \\ 1 \end{pmatrix} = 0$$

Beispiel

➲ Die Ebene E hat die Gleichung $\left(\vec{x} - \begin{pmatrix} 3 \\ -2 \\ 1 \end{pmatrix}\right) \cdot \begin{pmatrix} 2 \\ -3 \\ 4 \end{pmatrix} = 0$.

Überprüfen Sie, ob der Punkt Q(1 | −2 | 2) auf E liegt.

Lösung

Punktprobe mit Q(1 | −2 | 2)

$\vec{x} = \overrightarrow{OQ} = \begin{pmatrix} 1 \\ -2 \\ 2 \end{pmatrix}$: $\overrightarrow{OQ}$ für $\vec{x}$ einsetzen.
$\qquad \left(\begin{pmatrix} 1 \\ -2 \\ 2 \end{pmatrix} - \begin{pmatrix} 3 \\ -2 \\ 1 \end{pmatrix}\right) \cdot \begin{pmatrix} 2 \\ -3 \\ 4 \end{pmatrix} = 0$

Skalarprodukt ausmultiplizieren:
$\qquad \begin{pmatrix} -2 \\ 0 \\ 1 \end{pmatrix} \cdot \begin{pmatrix} 2 \\ -3 \\ 4 \end{pmatrix} = 0$

$\qquad\qquad\qquad\qquad\qquad$ 0 = 0 wahre Aussage

Der Punkt Q liegt auf E.

Beispiel

➲ Die Gleichung der Ebene E ist gegeben durch $2x_1 - x_2 + 4x_3 = 5$.
Zeigen Sie: Der Punkt A(2 | 3 | −2) liegt nicht auf E.

Lösung

Punktprobe mit A(2 | 3 | −2)

$\vec{x} = \begin{pmatrix} x_1 \\ x_2 \\ x_3 \end{pmatrix} = \begin{pmatrix} 2 \\ 3 \\ -2 \end{pmatrix}$: Koordinaten einsetzen:
$\qquad 2 \cdot 2 - 3 + 4 \cdot (-2) = 5$

$\qquad\qquad\qquad\qquad\qquad\qquad -7 = 5$ falsche Ausssage

Der Punkt A liegt nicht auf E.

Besondere Ebenen

Koordinatenebenen in Normalen- und Koordinatenform

	x_1x_2-Ebene	x_1x_3-Ebene	x_2x_3-Ebene
Normalen-form	$\vec{x} \cdot \begin{pmatrix} 0 \\ 0 \\ 1 \end{pmatrix} = 0$	$\vec{x} \cdot \begin{pmatrix} 0 \\ 1 \\ 0 \end{pmatrix} = 0$	$\vec{x} \cdot \begin{pmatrix} 1 \\ 0 \\ 0 \end{pmatrix} = 0$
Koordinaten-form	$x_3 = 0$	$x_2 = 0$	$x_1 = 0$

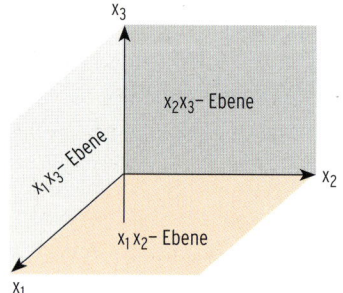

Die Ebene E ist parallel zur x_1x_2-Ebene und verläuft durch den Punkt P(0 | 0 | 2).

Normalenform: $\qquad \left(\vec{x} - \begin{pmatrix} 0 \\ 0 \\ 2 \end{pmatrix}\right) \cdot \begin{pmatrix} 0 \\ 0 \\ 1 \end{pmatrix} = 0$

Koordinatenform: $\qquad x_3 = 2$

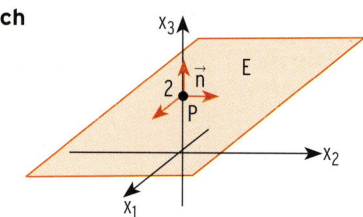

Von der Normalenform (Koordinatenform) zur Parameterform

Beispiel

➲ Die Ebene E ist gegeben durch $\left(\vec{x} - \begin{pmatrix} 0 \\ 0 \\ 2 \end{pmatrix}\right) \cdot \begin{pmatrix} 2 \\ -3 \\ -1 \end{pmatrix} = 0$.

Bestimmen Sie eine Gleichung der Ebene E in Parameterform.

Lösung

Gleichung in Koordinatenform: $\qquad\qquad 2x_1 - 3x_2 - x_3 + 2 = 0$

Es handelt sich um eine Gleichung mit drei Variablen. Zwei Variablen sind frei wählbar und die dritte kann man in Abhängigkeit von diesen beiden bestimmen.

Wir wählen: $\qquad\qquad\qquad\qquad\qquad x_1 = r;\ x_2 = s;\ r, s \in \mathbb{R}$

Aus $\qquad\qquad\qquad\qquad\qquad\qquad\quad 2r - 3s - x_3 + 2 = 0$

erhält man: $\qquad\qquad\qquad\qquad\qquad x_3 = 2r - 3s + 2$

Vektorschreibweise: $\qquad\quad \vec{x} = \begin{pmatrix} x_1 \\ x_2 \\ x_3 \end{pmatrix} = \begin{pmatrix} r \\ s \\ 2r - 3s + 2 \end{pmatrix} = \begin{pmatrix} 0 \\ 0 \\ 2 \end{pmatrix} + r\begin{pmatrix} 1 \\ 0 \\ 2 \end{pmatrix} + s\begin{pmatrix} 0 \\ 1 \\ -3 \end{pmatrix}$

Parameterform: $\qquad\qquad\qquad\quad \vec{x} = \begin{pmatrix} 0 \\ 0 \\ 2 \end{pmatrix} + r\begin{pmatrix} 1 \\ 0 \\ 2 \end{pmatrix} + s\begin{pmatrix} 0 \\ 1 \\ -3 \end{pmatrix}; r, s \in \mathbb{R}$

Hinweis: Man kann auch drei Punkte der Ebene E bestimmen, z. B. A(−1 | 0 | 0), B(0 | 0 | 2) und C(1 | 1 | 1). Mithilfe dieser Punkte kann man die Gleichung der Ebene in der Drei-Punkte-Form angeben.

Beispiel

➲ Die Ebene E ist gegeben durch $x_1 + x_2 = 1$.

Bestimmen Sie eine Gleichung der Ebene E in Parameterform.

Lösung

Gleichung in Koordinatenform: $\qquad\qquad x_1 + x_2 + 0 \cdot x_3 = 1$

Eine Gleichung mit drei Variablen. Zwei Variable sind frei wählbar.

x_3 ist frei wählbar, dann kann man entweder x_2 oder x_1 noch frei wählen.

$x_3 = r;\ x_2 = s$ frei wählbar: $\qquad\qquad x_1 + s = 1$

$\qquad\qquad\qquad\qquad\qquad\qquad\qquad\ x_1 = 1 - s$

Vektorschreibweise: $\qquad\quad \vec{x} = \begin{pmatrix} x_1 \\ x_2 \\ x_3 \end{pmatrix} = \begin{pmatrix} 1 - s \\ s \\ r \end{pmatrix} = \begin{pmatrix} 1 \\ 0 \\ 0 \end{pmatrix} + r\begin{pmatrix} 0 \\ 0 \\ 1 \end{pmatrix} + s\begin{pmatrix} -1 \\ 1 \\ 0 \end{pmatrix}$

Parameterform: $\qquad\qquad\qquad\quad \vec{x} = \begin{pmatrix} 1 \\ 0 \\ 0 \end{pmatrix} + r\begin{pmatrix} 0 \\ 0 \\ 1 \end{pmatrix} + s\begin{pmatrix} -1 \\ 1 \\ 0 \end{pmatrix}; r, s \in \mathbb{R}$

Hinweis: Die Ebene E ist parallel zur x_3-Achse.

Was man wissen sollte – über Formen einer Ebenengleichung

- **Parameterform**

  Gegeben sind ein Stützvektor $\vec{p}$ und zwei Richtungsvektoren $\vec{u}$ und $\vec{v}$, die nicht parallel sind.

  $\vec{x} = \vec{p} + r\vec{u} + s\vec{v}$; $r, s \in \mathbb{R}$.

- **Normalenform**

  Gegeben sind ein Stützvektor $\vec{p}$ und ein Normalenvektor $\vec{n}$.

  $(\vec{x} - \vec{p}) \cdot \vec{n} = 0$

- **Koordinatenform**

  Gegeben sind die Koeffizienten n_1, n_2, n_3 und die Konstante b.

  $n_1 x_1 + n_2 x_2 + n_3 x_3 = b$

Umwandlung einer Form in eine andere

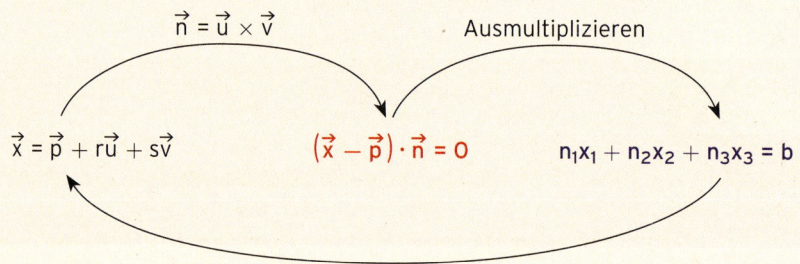

Parameterform **Normalenform** **Koordinatenform**

$\vec{n} = \vec{u} \times \vec{v}$ Ausmultiplizieren

$\vec{x} = \vec{p} + r\vec{u} + s\vec{v}$ $(\vec{x} - \vec{p}) \cdot \vec{n} = 0$ $n_1 x_1 + n_2 x_2 + n_3 x_3 = b$

Zwei Variablen (r und s) sind frei wählbar.

Aufgaben

a) b)

1 Bestimmen Sie eine Gleichung der Ebene E in Normalen- und in Koordinatenform.

a) $E: \vec{x} = \begin{pmatrix} 1 \\ 3 \\ 0 \end{pmatrix} + r\begin{pmatrix} 1 \\ 2 \\ 1 \end{pmatrix} + s\begin{pmatrix} 1 \\ -2 \\ 3 \end{pmatrix}$; $r, s \in \mathbb{R}$

b) $E: \vec{x} = \begin{pmatrix} 1 \\ 4 \\ 1 \end{pmatrix} + r\begin{pmatrix} 1 \\ 2 \\ 0 \end{pmatrix} + s\begin{pmatrix} 1 \\ 0 \\ 2 \end{pmatrix}$; $r, s \in \mathbb{R}$

c) $E: \vec{x} = r\begin{pmatrix} 1 \\ 1 \\ 1 \end{pmatrix} + s\begin{pmatrix} 2 \\ 0 \\ -2 \end{pmatrix}$; $r, s \in \mathbb{R}$

d) $E: \vec{x} = \begin{pmatrix} 4 \\ -2 \\ 0 \end{pmatrix} + r\begin{pmatrix} 1 \\ 0 \\ 1 \end{pmatrix} + s\begin{pmatrix} 0 \\ 0 \\ 1 \end{pmatrix}$; $r, s \in \mathbb{R}$

e) $E: \vec{x} = \begin{pmatrix} 1 \\ 2 \\ 0 \end{pmatrix} + r\begin{pmatrix} 1 \\ 2 \\ 0 \end{pmatrix} + s\begin{pmatrix} -1 \\ 2 \\ 1 \end{pmatrix}$; $r, s \in \mathbb{R}$

f) $E: \vec{x} = \begin{pmatrix} 1 \\ -2 \\ 5 \end{pmatrix} + r\begin{pmatrix} 1 \\ 0 \\ 0 \end{pmatrix} + s\begin{pmatrix} 0 \\ 1 \\ 0 \end{pmatrix}$; $r, s \in \mathbb{R}$

2 Geben Sie eine Koordinatenform der Ebene E an.

a) b)

a) $E: \left(\vec{x} - \begin{pmatrix} -5 \\ -2 \\ 1 \end{pmatrix} \right) \cdot \begin{pmatrix} 4 \\ -3 \\ 2 \end{pmatrix} = 0$

b) $E: \left(\vec{x} - \begin{pmatrix} 2 \\ -4 \\ -3 \end{pmatrix} \right) \cdot \begin{pmatrix} 2 \\ 0 \\ -1 \end{pmatrix} = 0$

c) $E: \left(\vec{x} - \begin{pmatrix} -4 \\ 0 \\ 0 \end{pmatrix} \right) \cdot \begin{pmatrix} 1 \\ 3 \\ 0 \end{pmatrix} = 0$

d) $E: \left(\vec{x} - \begin{pmatrix} 0 \\ 5 \\ 0 \end{pmatrix} \right) \cdot \begin{pmatrix} 0 \\ 0 \\ 2 \end{pmatrix} = 0$

e) $E: \vec{x} \cdot \begin{pmatrix} 3 \\ 8 \\ -5 \end{pmatrix} = 0$

f) $E: \vec{x} \cdot \begin{pmatrix} 2 \\ 1 \\ -1 \end{pmatrix} = 5$

3 Bestimmen Sie für die Ebene E eine Gleichung in der Normalenform.

a) b)

a) $E: 2x_1 + 3x_2 + 5x_3 = 8$

b) $E: 5x_1 - 2x_2 + 3x_3 + 20 = 0$

c) $E: 4x_1 + 3x_2 = 12$

d) $E: x_2 - 2x_3 + 6 = 0$

e) $E: x_1 = 3$

f) $E: 4x_2 = 8$

4 Bestimmen Sie eine Parametergleichung der Ebene E.

a) b)

a) $E: 2x_1 - x_2 + 3x_3 = 4$

b) $E: -3x_1 - 2x_2 + 4x_3 = -6$

c) $E: x_1 - x_2 + 5x_3 = 0$

d) $E: -x_1 - 2x_2 = 3$

e) $E: 6x_1 = 10$

f) $E: -4x_2 + 3x_3 = 0$

g) $E: \left(\vec{x} - \begin{pmatrix} 1 \\ 2 \\ -3 \end{pmatrix} \right) \cdot \begin{pmatrix} 3 \\ 2 \\ -2 \end{pmatrix} = 0$

h) $E: \left(\vec{x} - \begin{pmatrix} 0 \\ 2 \\ 1 \end{pmatrix} \right) \cdot \begin{pmatrix} 2 \\ 5 \\ -6 \end{pmatrix} = 0$

i) $E: \left(\vec{x} - \begin{pmatrix} 1 \\ 0 \\ 0 \end{pmatrix} \right) \cdot \begin{pmatrix} 0 \\ 1 \\ 1 \end{pmatrix} = 0$

j) $E: \left(\vec{x} - \begin{pmatrix} 0 \\ 50 \\ 10 \end{pmatrix} \right) \cdot \begin{pmatrix} 1 \\ 0 \\ 0 \end{pmatrix} = 0$

5 Die Ebene E geht durch den Punkt P und hat den Normalenvektor $\vec{n}$.
Geben Sie eine Ebenengleichung in Normalenform und Koordinatenform an.

a) $P(6 \mid 3 \mid 2); \vec{n} = \begin{pmatrix} 2 \\ 3 \\ -2 \end{pmatrix}$

b) $P(0 \mid 4 \mid -2); \vec{n} = \begin{pmatrix} 1 \\ 0 \\ -3 \end{pmatrix}$

6 Eine Ebene E verläuft durch den Punkt $P(3 \mid 1 \mid 2)$ und hat den Normalenvektor $\vec{n} = \begin{pmatrix} -2 \\ 1 \\ 0 \end{pmatrix}$.

Prüfen Sie, ob der Punkt A in der Ebene E liegt.

a) $A(2 \mid -1 \mid 5)$ b) $A(4 \mid -5 \mid 3)$ c) $A(3 \mid 1 \mid 100)$ d) $A(5 \mid 0 \mid 0)$

7 Gegeben ist die Gleichung $2x_1 - 3x_2 + 4x_3 = 12$.
Geben Sie drei Lösungen dieser Gleichung an und interpretieren Sie geometrisch.

8 Die Ebene E hat die Gleichung $3x_1 + x_2 = 6$.
Welche Werte kann x_3 annehmen?
Welche besondere Lage hat E?
Zeigt die Abbildung die Ebene E?
Begründen Sie Ihre Antwort.

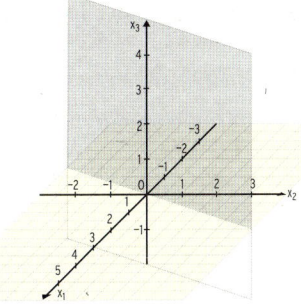

9 Welche Punkte werden mit der Gleichung $0 \cdot x_1 + 0 \cdot x_2 + 0 \cdot x_3 = 0$ beschrieben?

10 Geben Sie eine Parametergleichung der Ebene E an, die die Punkte A, B und C enthält.
Bestimmen Sie eine Gleichung von E in Koordinatenform.

a) A(1 | −3 | 0); B(4 | 2 | 1); C(5 | 0 | 4)   b) A(0 | 0 | 0); B(−4 | 5 | 5); C(−6| −1 | 7)

11 Die Ebene E verläuft durch die Punkte A, B und C. Geben Sie eine Koordinatengleichung
von E an.

a) A(1 | 1 | 1); B(1 | −10 | −5); C(1 | 8 | 26)   b) A(0 | 5 | 2); B(−3 | 1 | 2); C(1 | 3 | 2)

12 Welche besondere Lage hat die Ebene E?

a) E: $x_1 + x_2 = 2$ b) E: $2x_2 − 3x_3 = 0$ c) E: $x_1 = 4$

13 Eine Ebene E hat die Gleichung $3x_1 + x_2 − 2x_3 = 9$.
Prüfen Sie, ob es ein t gibt, sodass A(2t | 3 − t | t + 5) in dieser Ebene liegt.
Geben Sie eine Gleichung von E in Parameterform an.

14 Die Ebene E enthält den Punkt A(3 | 6 | −9) und die Gerade g: $\vec{x} = \begin{pmatrix} 1 \\ -4 \\ 4 \end{pmatrix} + s \begin{pmatrix} 1 \\ -1 \\ -0,5 \end{pmatrix}$; $s \in \mathbb{R}$.
Bestimmen Sie eine Gleichung der Ebene E in Normalenform.

15 Im Anschauungsraum sind die Punkte A(−1 | −1 | 4), B(−5 | 0 | 5) und die Gerade
g: $\vec{x} = \begin{pmatrix} 3 \\ 6 \\ -1 \end{pmatrix} + r \begin{pmatrix} 12 \\ 5 \\ -7 \end{pmatrix}$; $r \in \mathbb{R}$, gegeben.

Zeigen Sie, dass die Gerade g und die Gerade (AB) eine Ebene aufspannen.
Bestimmen Sie eine Koordinatengleichung dieser Ebene.

16 Die Ebene E verläuft durch den Punkt P(0 | 0 | 4).
Geben Sie eine Gleichung der Ebene E in Parameterform,
Normalenform und Koordinatenform an.

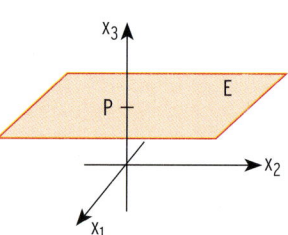

17 Bestimmen Sie eine Gleichung von E.

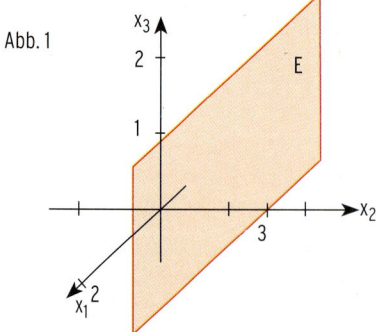

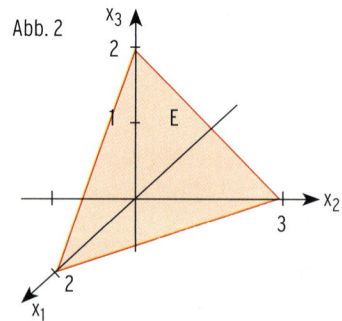

5.3 Spurpunkte und Spurgeraden einer Ebene

Beispiel

➲ Gegeben ist die Gleichung der Ebene E durch $3x_1 + 4x_2 + 2x_3 = 12$.

a) Bestimmen Sie die Schnittpunkte von E und den Koordinatenachsen. Veranschaulichen Sie die Ebene E in einem Koordinatensystem.

b) Geben Sie die Gleichungen der Schnittgeraden von E mit den Koordinatenebenen an.

Lösung

a) **Schnittpunkt von E und x_1-Achse**

Für alle Punkte auf der x_1-Achse gilt $x_2 = x_3 = 0$.

Einsetzen in die Koordinatenform: $3x_1 = 12$

$x_1 = 4$

Schnittpunkt S_1: $S_1(4 \mid 0 \mid 0)$

Dieser Punkt heißt **Spurpunkt der Ebene**.

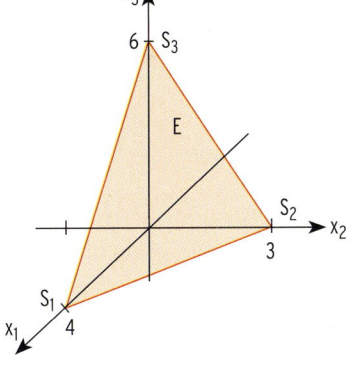

Schnittpunkt von E und x_2-Achse

Für alle Punkte auf der x_2-Achse gilt $x_1 = x_3 = 0$.

Man erhält den Spurpunkt S_2: $S_2(0 \mid 3 \mid 0)$

Schnittpunkt von E und x_3-Achse

Für alle Punkte auf der x_3-Achse gilt $x_1 = x_2 = 0$.

Spurpunkt S_3: $S_3(0 \mid 0 \mid 6)$

Hinweis: Die Ebene E schneidet alle drei Koordinatenachsen.

Mithilfe dieser drei Spurpunkte veranschaulicht man die Ebene E im Koordinatensystem.

b) Die Schnittgerade s_{12} von E und der x_1x_2-Ebene verläuft durch die Punkte $S_1(4 \mid 0 \mid 0)$ und $S_2(0 \mid 3 \mid 0)$.

Richtungsvektor $\vec{u}$ von s_{12}:

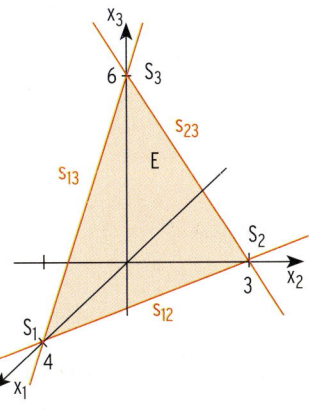

$$\vec{u} = \overrightarrow{OS_2} - \overrightarrow{OS_1} = \begin{pmatrix} 0 \\ 3 \\ 0 \end{pmatrix} - \begin{pmatrix} 4 \\ 0 \\ 0 \end{pmatrix} = \begin{pmatrix} -4 \\ 3 \\ 0 \end{pmatrix}$$

Stützvektor $\vec{p} = \overrightarrow{OS_1} = \begin{pmatrix} 4 \\ 0 \\ 0 \end{pmatrix}$

Geradengleichung von s_{12}

$$s_{12}: \vec{x} = \begin{pmatrix} 4 \\ 0 \\ 0 \end{pmatrix} + r\begin{pmatrix} -4 \\ 3 \\ 0 \end{pmatrix}; r \in \mathbb{R}.$$

Diese Schnittgerade s_{12} heißt **Spurgerade von E** mit der x_1x_2-Ebene.

Spurgerade s_{13} von E mit der x_1x_3- Ebene durch $S_1(4 \mid 0 \mid 0)$ und $S_3(0 \mid 0 \mid 6)$

$$s_{13}: \vec{x} = \begin{pmatrix} 4 \\ 0 \\ 0 \end{pmatrix} + s\begin{pmatrix} -4 \\ 0 \\ 6 \end{pmatrix}; s \in \mathbb{R}$$

Spurgerade s_{23} von E mit der x_2x_3- Ebene durch $S_2(0 \mid 3 \mid 0)$ und $S_3(0 \mid 0 \mid 6)$

$$s_{23}: \vec{x} = \begin{pmatrix} 0 \\ 3 \\ 0 \end{pmatrix} + t\begin{pmatrix} 0 \\ -3 \\ 6 \end{pmatrix}; t \in \mathbb{R}$$

6 Ott, Bohner, Deusch - ISBN 978-3-8120-0638-5

Beachten Sie:

Schneiden sich eine **Ebene** E und eine **Koordinatenachse** in einem Punkt, so heißt dieser Punkt **Spurpunkt** der **Ebene** E.

Bedingung für den Spurpunkt der Ebene E

S_1 auf der x_1-Achse: $x_2 = x_3 = 0$

S_2 auf der x_2-Achse: $x_1 = x_3 = 0$

S_3 auf der x_3-Achse: $x_1 = x_2 = 0$

Die Schnittgerade einer Ebene E mit einer Koordinatenebene heißt **Spurgerade** von E.

Beispiel

➲ Die Ebene E hat die Gleichung $3x_1 + 2x_3 = 6$.
Bestimmen Sie die gemeinsame Gerade von E und der x_1x_3-Ebene.

Lösung

Man bestimmt die Schnittpunkte S_1 und S_3 und damit die Geradengleichung s_{13}.

Schnittpunkt von E und x_1-Achse

Bedingung: $x_2 = x_3 = 0$

Einsetzen in die Koordinatenform: $3x_1 = 6$ für $x_1 = 2$

Spurpunkt S_1: $S_1(2 \mid 0 \mid 0)$

Schnittpunkt von E und x_3-Achse

Bedingung: $x_1 = x_2 = 0$

Einsetzen in die Koordinatenform: $2x_3 = 6$ für $x_3 = 3$

Spurpunkt S_3: $S_3(0 \mid 0 \mid 3)$

Schnittgerade s_{13}: $\vec{x} = \begin{pmatrix} 2 \\ 0 \\ 0 \end{pmatrix} + t \begin{pmatrix} -2 \\ 0 \\ 3 \end{pmatrix}; t \in \mathbb{R}.$

Hinweis: Fehlt x_2 in der Ebenengleichung, so ist E parallel zur x_2-Achse.

Beispiel

➲ Die Ebene E ist gegeben durch die Gleichung $x_1 = 2$.
Bestimmen Sie die Spurgeraden der Ebene E.

Lösung

Die Ebene E verläuft parallel zur x_2x_3-Ebene durch den Punkt $S_1(2 \mid 0 \mid 0)$. Sie schneidet die x_2x_3-Ebene nicht.

Spurgerade s_{12}: $\vec{x} = \begin{pmatrix} 2 \\ 0 \\ 0 \end{pmatrix} + r \begin{pmatrix} 0 \\ 1 \\ 0 \end{pmatrix}; r \in \mathbb{R}$

Spurgerade s_{13}: $\vec{x} = \begin{pmatrix} 2 \\ 0 \\ 0 \end{pmatrix} + s \begin{pmatrix} 0 \\ 0 \\ 1 \end{pmatrix}; s \in \mathbb{R}$

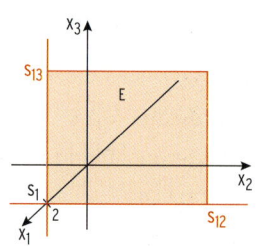

Beispiel

➡ Die Ebene E ist gegeben durch ihre Gleichung $\vec{x} = \begin{pmatrix} 1 \\ 2 \\ 3 \end{pmatrix} + r\begin{pmatrix} 1 \\ -2 \\ 3 \end{pmatrix} + s\begin{pmatrix} 2 \\ -2 \\ 1 \end{pmatrix}$; r, s $\in \mathbb{R}$.

a) Skizzieren Sie die Ebene E in einem Koordinatensystem.

b) Liegt der Punkt P(2 | 2 | 1) in der Ebene E?

Lösung

a) Für eine Skizze ist es vorteilhaft, wenn man die Achsenschnittpunkte kennt. Diese Punkte erhält man leicht, wenn die Gleichung von E in Koordinatenform gegeben ist. Umwandeln der Parameterform in die Koordinatenform.

$\vec{u} = \begin{pmatrix} 1 \\ -2 \\ 3 \end{pmatrix}$, $\vec{v} = \begin{pmatrix} 2 \\ -2 \\ 1 \end{pmatrix}$, $\vec{n} = \vec{u} \times \vec{v}$: $\vec{n} = \begin{pmatrix} 1 \\ -2 \\ 3 \end{pmatrix} \times \begin{pmatrix} 2 \\ -2 \\ 1 \end{pmatrix} = \begin{pmatrix} 4 \\ 5 \\ 2 \end{pmatrix}$

Stützvektor z. B. $\vec{p} = \begin{pmatrix} 1 \\ 2 \\ 3 \end{pmatrix}$:

Normalenform: $(\vec{x} - \vec{p}) \cdot \vec{n} = 0$ $\left(\vec{x} - \begin{pmatrix} 1 \\ 2 \\ 3 \end{pmatrix} \right) \cdot \begin{pmatrix} 4 \\ 5 \\ 2 \end{pmatrix} = 0$

Ausmultiplizieren ergibt: $4x_1 + 5x_2 + 2x_3 - 20 = 0$

Koordinatenform: $4x_1 + 5x_2 + 2x_3 = 20$

Schnittpunkt von E und x_1-Achse

Bedingung: $x_2 = x_3 = 0$ $4x_1 = 20 \Rightarrow x_1 = 5$

Spurpunkt S_1: $S_1(5 \mid 0 \mid 0)$

Schnittpunkt von E und x_2-Achse

Bedingung: $x_1 = x_3 = 0$ $5x_2 = 20 \Rightarrow x_2 = 4$

Spurpunkt S_2: $S_2(0 \mid 4 \mid 0)$

Schnittpunkt von E und x_3-Achse

Bedingung: $x_1 = x_2 = 0$ $2x_3 = 20 \Rightarrow x_3 = 10$

Spurpunkt S_3: $S_3(0 \mid 0 \mid 10)$

b) **Punktprobe**

Die Koordinaten von P(2 | 2 | 1) in die Gleichung $4x_1 + 5x_2 + 2x_3 = 20$ einsetzen:

$4 \cdot 2 + 5 \cdot 2 + 2 \cdot 1 = 20$

$20 = 20$ wahre Aussage

Der Punkt P liegt in der Ebene E.

Beispiel

➡ Die Ebene E hat die Spurpunkte A(3 | 0 | 0), B(0 | 2 | 0) und C(0 | 0 | 5). Bestimmen Sie die Koordinatenform der Ebene E.

Lösung

Koordinatenform: $\frac{1}{3}x_1 + \frac{1}{2}x_2 + \frac{1}{5}x_3 = 1$

Erläuterung: Punktprobe mit den Spurpunkten

A(3 | 0 | 0): $\frac{1}{3} \cdot 3 + \frac{1}{2} \cdot 0 + \frac{1}{5} \cdot 0 = 1$ 1 = 1 wahr

B(0 | 2 | 0): $\frac{1}{3} \cdot 0 + \frac{1}{2} \cdot 2 + \frac{1}{5} \cdot 0 = 1$ 1 = 1 wahr

C(0 | 0 | 5): $\frac{1}{3} \cdot 0 + \frac{1}{2} \cdot 0 + \frac{1}{5} \cdot 5 = 1$ 1 = 1 wahr

1 Bestimmen Sie die Spurpunkte der Ebene E.

Veranschaulichen Sie die Ebene E in einem Koordinatensystem.

a) d) e)

a) $E: x_1 + x_2 + x_3 = 2$ b) $E: 2x_1 + 3x_2 + x_3 = 6$ c) $E: 3x_1 + x_2 + x_3 = 0$

d) $E: \left(\vec{x} - \begin{pmatrix} 1 \\ 2 \\ 0 \end{pmatrix} \right) \cdot \begin{pmatrix} 1 \\ -1 \\ -1 \end{pmatrix} = 0$ e) $E: \vec{x} = \begin{pmatrix} 1 \\ 0 \\ 0 \end{pmatrix} + r \begin{pmatrix} -1 \\ 2 \\ 0 \end{pmatrix} + s \begin{pmatrix} -2 \\ 0 \\ 1 \end{pmatrix}; r, s \in \mathbb{R}$

2 Geben Sie die Spurgeraden der Ebene E an.

a) b)

a) $E: \vec{x} = \begin{pmatrix} 2 \\ 0 \\ 1 \end{pmatrix} + r \begin{pmatrix} 1 \\ 2 \\ -1 \end{pmatrix} + s \begin{pmatrix} 2 \\ 1 \\ -1 \end{pmatrix}; r, s \in \mathbb{R}$ b) $E: x_1 - 2x_2 + x_3 = 6$

c) $E: \left(\vec{x} - \begin{pmatrix} 4 \\ 3 \\ 2 \end{pmatrix} \right) \cdot \begin{pmatrix} 1 \\ 0 \\ -1 \end{pmatrix} = 0$ d) $E: -2x_2 + x_3 = 6$ e) $E: x_2 = 3$

3 Bestimmen Sie die Spurpunkte von E. Welche besondere Lage hat die Ebene E?

a) $E: 2x_1 + x_3 = 2$ b) $E: x_2 + x_3 = 1$ c) $E: x_2 = -3$ d) $E: x_3 = 0$

4 Bestimmen Sie eine Koordinatengleichung für die Ebene E.

a) 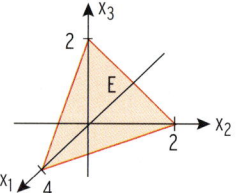 b)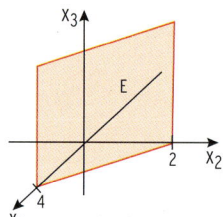

5 Bestimmen Sie die Schnittpunkte der Ebene

$E: \vec{x} = \begin{pmatrix} 1 \\ 1 \\ -2 \end{pmatrix} + r \begin{pmatrix} -1 \\ -3 \\ 0 \end{pmatrix} + s \begin{pmatrix} 1 \\ -1 \\ 0 \end{pmatrix}; r, s \in \mathbb{R},$

mit den Koordinatenachsen.

6 Gegeben ist die Ebene E durch $x_1 + 2x_2 + 3x_3 = -2$.

Bestimmen Sie die gemeinsamen Punkte der $x_2 x_3$-Ebene und der Ebene E.

7 Die Ebene E hat nur die Spurpunkte $A(5 \mid 0 \mid 0)$ und $B(0 \mid -3 \mid 0)$.

Bestimmen Sie eine Gleichung von E.

8 Von einem ebenen Hang sind die Punkte $A(0 \mid 0 \mid 40)$, $B(-30 \mid 60 \mid 20)$ und $C(50 \mid 10 \mid 0)$ bekannt. Das Tal liegt in der $x_1 x_2$-Ebene. Der Übergang vom Hang in die Talebene kann durch eine Gerade beschrieben werden. Bestimmen Sie die Gleichung dieser Geraden.

6 Gegenseitige Lage

6.1 Gegenseitige Lage einer Geraden und einer Ebene

Für die Lage einer Geraden g und einer Ebene E gibt es drei Fälle.

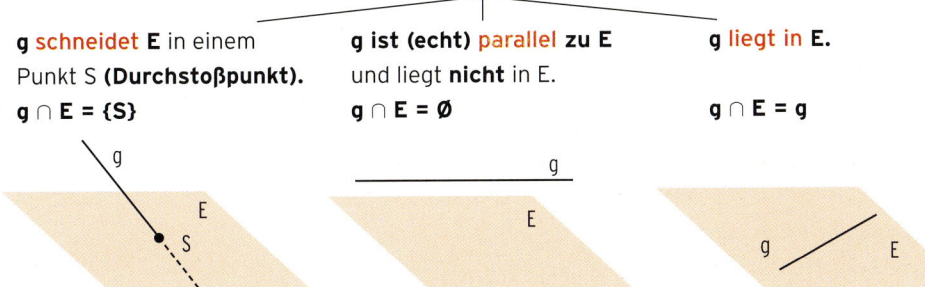

g schneidet E in einem Punkt S **(Durchstoßpunkt).**

$g \cap E = \{S\}$

g ist (echt) parallel zu E und liegt **nicht** in E.

$g \cap E = \emptyset$

g liegt in E.

$g \cap E = g$

Die gegenseitige Lage bzw. die Anzahl der gemeinsamen Punkte einer Geraden und einer Ebene kann algebraisch bestimmt werden.

Die Ebenengleichung ist in Parameterform gegeben

Beispiel

➔ Gegeben sind die Ebene E durch $\vec{x} = \begin{pmatrix} 1 \\ -2 \\ 2 \end{pmatrix} + r\begin{pmatrix} -1 \\ -3 \\ 0 \end{pmatrix} + s\begin{pmatrix} 3 \\ 0 \\ -2 \end{pmatrix}$; r, s $\in \mathbb{R}$ sowie die Geraden

g, h und k mit g: $\vec{x} = \begin{pmatrix} 2 \\ 7 \\ 1 \end{pmatrix} + t\begin{pmatrix} 2 \\ 5 \\ -1 \end{pmatrix}$, h: $\vec{x} = \begin{pmatrix} 10 \\ -1 \\ 8 \end{pmatrix} + u\begin{pmatrix} -5 \\ 3 \\ 4 \end{pmatrix}$, k: $\vec{x} = \begin{pmatrix} 3 \\ -5 \\ 0 \end{pmatrix} + v\begin{pmatrix} 2 \\ -3 \\ -2 \end{pmatrix}$; t, u, v $\in \mathbb{R}$.

Untersuchen Sie die gegenseitige Lage der jeweiligen Geraden zur Ebene E.

Lösung

Gegenseitige Lage von g und E

durch Gleichsetzen:

$$\begin{pmatrix} 1 \\ -2 \\ 2 \end{pmatrix} + r\begin{pmatrix} -1 \\ -3 \\ 0 \end{pmatrix} + s\begin{pmatrix} 3 \\ 0 \\ -2 \end{pmatrix} = \begin{pmatrix} 2 \\ 7 \\ 1 \end{pmatrix} + t\begin{pmatrix} 2 \\ 5 \\ -1 \end{pmatrix}$$

LGS für r, s und t:

$$r\begin{pmatrix} -1 \\ -3 \\ 0 \end{pmatrix} + s\begin{pmatrix} 3 \\ 0 \\ -2 \end{pmatrix} + t\begin{pmatrix} -2 \\ -5 \\ 1 \end{pmatrix} = \begin{pmatrix} 1 \\ 9 \\ -1 \end{pmatrix}$$

Umformung

$$\begin{array}{ccc} r & s & t \end{array}$$
$$\left(\begin{array}{ccc|c} -1 & 3 & -2 & 1 \\ -3 & 0 & -5 & 9 \\ 0 & -2 & 1 & -1 \end{array}\right) \sim \left(\begin{array}{ccc|c} -1 & 3 & -2 & 1 \\ 0 & -9 & 1 & 6 \\ 0 & -2 & 1 & -1 \end{array}\right) \sim \left(\begin{array}{ccc|c} -1 & 3 & -2 & 1 \\ 0 & -9 & 1 & 6 \\ 0 & 0 & 7 & -21 \end{array}\right)$$

Auflösung des LGS ergibt t = −3 (s = −1 und r = 2).

Das LGS ist eindeutig lösbar. **g und E schneiden sich in einem Punkt S.**

Einsetzen von t = −3 in die Geradengleichung ergibt $\overrightarrow{OS} = \begin{pmatrix} 2 \\ 7 \\ 1 \end{pmatrix} - 3\begin{pmatrix} 2 \\ 5 \\ -1 \end{pmatrix} = \begin{pmatrix} -4 \\ -8 \\ 4 \end{pmatrix}$

Durchstoßpunkt S(−4 | −8 | 4)

Gegenseitige Lage von h und E

Durch Gleichsetzen:

$$\begin{pmatrix} 1 \\ -2 \\ 2 \end{pmatrix} + r\begin{pmatrix} -1 \\ -3 \\ 0 \end{pmatrix} + s\begin{pmatrix} 3 \\ 0 \\ -2 \end{pmatrix} = \begin{pmatrix} 10 \\ -1 \\ 8 \end{pmatrix} + u\begin{pmatrix} -5 \\ 3 \\ 4 \end{pmatrix}$$

LGS für r, s und u:

$$r\begin{pmatrix} -1 \\ -3 \\ 0 \end{pmatrix} + s\begin{pmatrix} 3 \\ 0 \\ -2 \end{pmatrix} + u\begin{pmatrix} 5 \\ -3 \\ -4 \end{pmatrix} = \begin{pmatrix} 9 \\ 1 \\ 6 \end{pmatrix}$$

Umformung

$$\begin{matrix} r & s & u \\ \end{matrix}$$
$$\left(\begin{array}{ccc|c} -1 & 3 & 5 & 9 \\ -3 & 0 & -3 & 1 \\ 0 & -2 & -4 & 6 \end{array}\right) \sim \left(\begin{array}{ccc|c} -1 & 3 & 5 & 9 \\ 0 & -9 & -18 & -26 \\ 0 & -2 & -4 & 6 \end{array}\right) \sim \left(\begin{array}{ccc|c} -1 & 3 & 5 & 9 \\ 0 & -9 & -18 & -26 \\ 0 & 0 & 0 & 106 \end{array}\right)$$

Dieses LGS ist unlösbar. h und E haben keine gemeinsamen Punkte.

h und E sind parallel und h verläuft nicht in E. h und E sind echt parallel.

Gegenseitige Lage von k und E

Durch Gleichsetzen:

$$\begin{pmatrix} 1 \\ -2 \\ 2 \end{pmatrix} + r\begin{pmatrix} -1 \\ -3 \\ 0 \end{pmatrix} + s\begin{pmatrix} 3 \\ 0 \\ -2 \end{pmatrix} = \begin{pmatrix} 3 \\ -5 \\ 0 \end{pmatrix} + v\begin{pmatrix} 2 \\ -3 \\ -2 \end{pmatrix}$$

LGS für r, s und v:

$$r\begin{pmatrix} -1 \\ -3 \\ 0 \end{pmatrix} + s\begin{pmatrix} 3 \\ 0 \\ -2 \end{pmatrix} + v\begin{pmatrix} 2 \\ 3 \\ 2 \end{pmatrix} = \begin{pmatrix} 2 \\ -3 \\ -2 \end{pmatrix}$$

Umformung

$$\begin{matrix} r & s & v \\ \end{matrix}$$
$$\left(\begin{array}{ccc|c} -1 & 3 & -2 & 2 \\ -3 & 0 & 3 & -3 \\ 0 & -2 & 2 & -2 \end{array}\right) \sim \left(\begin{array}{ccc|c} -1 & 3 & 5 & 2 \\ 0 & -9 & 9 & -9 \\ 0 & -2 & 2 & -2 \end{array}\right) \sim \left(\begin{array}{ccc|c} -1 & 3 & 5 & 9 \\ 0 & -9 & -18 & -9 \\ 0 & 0 & 0 & 0 \end{array}\right)$$

Dieses LGS ist mehrdeutig lösbar. Z. B. ist v frei wählbar.

Da mit einem v-Wert ein Geradenpunkt von k bestimmt ist und v frei wählbar ist, ist jeder Geradenpunkt ein gemeinsamer Punkt von k und E. Dies ist nur möglich, wenn k in E liegt.

Beispiel

➲ Gegeben sind die Ebene E durch $\vec{x} = \begin{pmatrix} 1 \\ -2 \\ 1 \end{pmatrix} + r\begin{pmatrix} 2 \\ -1 \\ 3 \end{pmatrix} + s\begin{pmatrix} 0 \\ 1 \\ 2 \end{pmatrix}$; r, s ∈ ℝ und die Gerade

g: $\vec{x} = \begin{pmatrix} 3 \\ -4 \\ 2 \end{pmatrix} + t\begin{pmatrix} -2,5 \\ -2 \\ 1 \end{pmatrix}$, t ∈ ℝ. Zeigen Sie: Die Gerade g schneidet E senkrecht.

Lösung

Die Gerade g steht senkrecht auf der Ebene E, wenn der Richtungsvektor $\vec{u}$ von g senkrecht auf den beiden Richtungsvektoren $\vec{v}$ und $\vec{w}$ der Ebene E steht.

Bedingung: $\vec{u} \cdot \vec{v} = 0$ und $\vec{u} \cdot \vec{w} = 0$

$$\begin{pmatrix} -2,5 \\ -2 \\ 1 \end{pmatrix} \cdot \begin{pmatrix} 2 \\ -1 \\ 3 \end{pmatrix} = 0 \Leftrightarrow -5 + 2 + 3 = 0 \Leftrightarrow 0 = 0$$

$$\begin{pmatrix} -2,5 \\ -2 \\ 1 \end{pmatrix} \cdot \begin{pmatrix} 0 \\ 1 \\ 2 \end{pmatrix} = 0 \Leftrightarrow -2 + 2 = 0 \Leftrightarrow 0 = 0$$

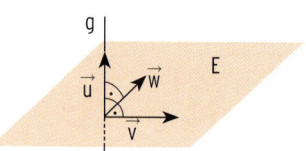

Hinweis: Da g senkrecht auf E steht, muss g die Ebene E auch schneiden.

Was man wissen sollte – über die gegenseitige Lage einer Geraden und einer Ebene (E in Parameterform)

Gegeben sind die Gerade g und die Ebene E durch

$$g: \vec{x} = \vec{b} + t\vec{u}; \ t \in \mathbb{R} \qquad\qquad E: \vec{x} = \vec{a} + r\vec{v} + s\vec{w}; \ r, s \in \mathbb{R}$$

Untersuchung der gegenseitigen Lage von g und E durch Gleichsetzen:

$$\vec{a} + r\vec{v} + s\vec{w} = \vec{b} + t\vec{u}$$
$$r\vec{v} + s\vec{w} - t\vec{u} = \vec{b} - \vec{a}$$

Das LGS für r, s und t in die **erweiterte Dreiecksform** umformen.

Die Lösbarkeit entscheidet über die gegenseitige Lage von Gerade und Ebene.

Z.B.
$$\left(\begin{array}{ccc|c} \neq 0 & \cdot & \cdot & \cdot \\ 0 & \neq 0 & \cdot & \cdot \\ 0 & 0 & \neq 0 & \cdot \end{array}\right) \qquad \left(\begin{array}{ccc|c} \cdot & \cdot & \cdot & \cdot \\ 0 & \cdot & \cdot & \cdot \\ 0 & 0 & 0 & \neq 0 \end{array}\right) \qquad \left(\begin{array}{ccc|c} \neq 0 & \cdot & \cdot & \cdot \\ 0 & \neq 0 & \cdot & \cdot \\ 0 & 0 & 0 & 0 \end{array}\right)$$

Das LGS ist **eindeutig lösbar.**	Das LGS ist **unlösbar**.	Das LGS hat **unendlich viele Lösungen.**
g und E schneiden sich in einem Punkt S.	g und E schneiden sich nicht.	**g liegt in E.**
	g ist parallel zu E (g liegt nicht in E).	
Durchstoßpunkt S		
g ∩ E = {S}	g ∩ E = ∅	g ∩ E = g

g und E sind **orthogonal,** wenn gilt: $\vec{u} \cdot \vec{v} = 0$ und $\vec{u} \cdot \vec{w} = 0$.

Aufgaben

a) b)

1 Bestimmen Sie die gegenseitige Lage von g und E.

a) $g: \vec{x} = \begin{pmatrix} 6 \\ -1 \\ 15 \end{pmatrix} + t\begin{pmatrix} 1 \\ -1 \\ 3 \end{pmatrix}; \ t \in \mathbb{R}$ $\qquad E: \vec{x} = \begin{pmatrix} 1 \\ -2 \\ 3 \end{pmatrix} + r\begin{pmatrix} 1 \\ 3 \\ 5 \end{pmatrix} + s\begin{pmatrix} 2 \\ 0 \\ 1 \end{pmatrix}; \ r, s \in \mathbb{R}$

b) $g: \vec{x} = t\begin{pmatrix} 1 \\ 2 \\ -1 \end{pmatrix}; \ t \in \mathbb{R}$ $\qquad E: \vec{x} = \begin{pmatrix} 1 \\ 4 \\ 1 \end{pmatrix} + r\begin{pmatrix} 1 \\ 2 \\ 5 \end{pmatrix} + s\begin{pmatrix} -1 \\ -2 \\ 4 \end{pmatrix}; \ r, s \in \mathbb{R}$

c) $g: \vec{x} = \begin{pmatrix} -3 \\ 1 \\ 2 \end{pmatrix} + t\begin{pmatrix} -6 \\ -2 \\ 0 \end{pmatrix}; \ t \in \mathbb{R}$ $\qquad E: \vec{x} = r\begin{pmatrix} -3 \\ 0 \\ 1 \end{pmatrix} + s\begin{pmatrix} 0 \\ 1 \\ 1 \end{pmatrix}; \ r, s \in \mathbb{R}$

d) $g: \vec{x} = \begin{pmatrix} 0 \\ 0 \\ 3 \end{pmatrix} + t\begin{pmatrix} 1 \\ -1 \\ 2 \end{pmatrix}; \ t \in \mathbb{R}$ $\qquad E: \vec{x} = \begin{pmatrix} 0 \\ -4 \\ 6 \end{pmatrix} + r\begin{pmatrix} 1 \\ 0 \\ 2 \end{pmatrix} + s\begin{pmatrix} -1 \\ -2 \\ 1 \end{pmatrix}; \ r, s \in \mathbb{R}$

2 Berechnen Sie den Durchstoßpunkt der Geraden g durch die Ebene E.

g = (AB) mit A(8 | −9 | 11) und B(10 | −12 | 15)

E = (PQR) mit P(1 | 0 | 0); Q(3 | 1 | 0) und R(0 | −1 | −1)

Die Ebenengleichung ist in Koordinatenform (Normalenform) gegeben

Beispiel

➲ Die Ebene E ist gegeben durch die Gleichung $3x_1 + 4x_2 - 3x_3 = 12$.

Untersuchen Sie die gegenseitige Lage der Ebene E und der jeweiligen Geraden.

$$g: \vec{x} = \begin{pmatrix} 6 \\ 11 \\ -2 \end{pmatrix} + t\begin{pmatrix} -1 \\ -2 \\ 1 \end{pmatrix} \qquad h: \vec{x} = \begin{pmatrix} 1 \\ 2 \\ 1 \end{pmatrix} + u\begin{pmatrix} -3 \\ 3 \\ 1 \end{pmatrix} \qquad k: \vec{x} = \begin{pmatrix} 5 \\ 3 \\ 5 \end{pmatrix} + v\begin{pmatrix} -2 \\ 3 \\ 2 \end{pmatrix}; \; t, u, v \in \mathbb{R}.$$

Lösung

Gegenseitige Lage von g und E

Für jeden Punkt der Geraden gibt es einen t-Wert. Die Koordinaten eines Ebenenpunktes erfüllen die Koordinatengleichung. Die Punkte auf der Geraden haben die Koordinaten:

$$x_1 = 6 - t; \; x_2 = 11 - 2t; \; x_3 = -2 + t$$

Einsetzen von x_1, x_2, x_3 in die Koordinatengleichung ergibt eine Gleichung in t.

$$3(6 - t) + 4(11 - 2t) - 3(-2 + t) = 12$$
$$-14t + 68 = 12$$
$$t = 4$$

Diese Gleichung ist **eindeutig lösbar.**

Für t = 4 gibt es einen Punkt, der auf der Geraden und zugleich auf der Ebene liegt.

Gegenseitige Lage: g durchstößt die Ebene E.

Einsetzen von t = 4 in die Geradengleichung von g ergibt den **Durchstoßpunkt** S(2 | 3 | 2).

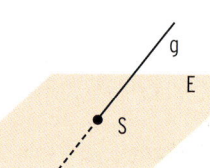

Gegenseitige Lage von h und E

Einsetzen von x_1, x_2, x_3 in die Koordinatengleichung ergibt eine Gleichung in u.

$$3(1 - 3u) + 4(2 + 3u) - 3(1 + u) = 12$$
$$8 = 12 \quad \textbf{falsche Aussage}$$

Die Gleichung ist **unlösbar.** Es gibt keinen u-Wert, der zu einem gemeinsamen Punkt führt.

Gegenseitige Lage: h und E sind parallel und h liegt nicht in E.

Gegenseitige Lage von k und E

Einsetzen von x_1, x_2, x_3 in die Koordinatengleichung ergibt eine Gleichung in v.

$$3(5 - 2v) + 4(3 + 3v) - 3(5 + 2v) = 12$$
$$12 = 12 \quad \textbf{wahre Aussage} \text{ für alle } v \in \mathbb{R}$$

Diese Gleichung ist **mehrdeutig lösbar.** Jeder v-Wert führt zu einem Geradenpunkt, der zugleich auch gemeinsamer Punkt von k und E ist.

Gegenseitige Lage: k liegt in E.

Beispiel

➲ Gegeben sind die Ebene E durch $\left(\vec{x} - \begin{pmatrix} 1 \\ -2 \\ 3 \end{pmatrix}\right) \cdot \begin{pmatrix} 2 \\ 1 \\ 3 \end{pmatrix} = 0$

und die Gerade g: $\vec{x} = \begin{pmatrix} 2 \\ 0 \\ 1 \end{pmatrix} + t \begin{pmatrix} 1 \\ -5 \\ 1 \end{pmatrix}$; $t \in \mathbb{R}$.

Daniel behauptet, g steht senkrecht auf E. Marc meint, dass g parallel zu E ist. Wer hat Recht? Begründen Sie Ihre Antwort.

Lösung

g steht senkrecht auf E, wenn der Richtungsvektor $\vec{u}$ von g und der Normalenvektor $\vec{n}$ von E linear abhängig sind.

Bedingung: $\vec{u} = k \cdot \vec{n}$ $\qquad \begin{pmatrix} 1 \\ -5 \\ 1 \end{pmatrix} = k \begin{pmatrix} 2 \\ 1 \\ 3 \end{pmatrix}$ $\qquad \begin{matrix} k = 0{,}5 \\ k = -5 \end{matrix}$

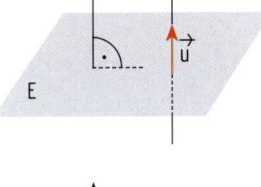

Es gibt kein k, sodass die drei Gleichungen erfüllt sind.
Die Vektoren sind linear unabhängig.
g steht nicht senkrecht auf E. Daniel hat nicht Recht.

g ist parallel zu E, wenn der Richtungsvektor $\vec{u}$ von g senkrecht auf dem Normalenvektor $\vec{n}$ von E steht.

Bedingung: $\vec{u} \cdot \vec{n} = 0$ $\qquad \begin{pmatrix} 1 \\ -5 \\ 1 \end{pmatrix} \cdot \begin{pmatrix} 2 \\ 1 \\ 3 \end{pmatrix} = 0 \Leftrightarrow 0 = 0$

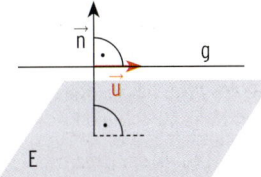

Die Gerade g ist parallel zur Ebene E. Marc hat Recht.

Was man wissen sollte – über die gegenseitige Lage einer Geraden und einer Ebene (E in Koordinaten- oder Normalenform)

Ebene E: $n_1 x_1 + n_2 x_2 + n_3 x_3 = b$; $b \in \mathbb{R}$ oder $\left(\vec{x} - \vec{p}\right) \cdot \vec{n} = 0$

Gerade g: $\vec{x} = \vec{a} + t\vec{u}$; $t \in \mathbb{R}$

Untersuchung der gegenseitigen Lage von g und E
Einsetzen von x_1, x_2, x_3 (aus der Geradengleichung) in die Koordinaten- oder Normalengleichung ergibt eine Gleichung in t.
Es gibt **drei Fälle für die Lösbarkeit**. Die Gleichung

ist **eindeutig lösbar.**	ist **unlösbar.**	**hat unendlich viele Lösungen.**
g und E **schneiden** sich in einem Punkt S. Z.B. t = 4	**g ist parallel zu E** und g **liegt nicht** in E. Z.B. 8 = 12	**g liegt in E.** Z.B. 12 = 12

g steht senkrecht auf E, wenn $\vec{u}$ und $\vec{n}$ linear abhängig sind. $\qquad \vec{u} = k \cdot \vec{n}$
g und E sind parallel, wenn $\vec{u}$ und $\vec{n}$ aufeinander senkrecht stehen. $\qquad \vec{u} \cdot \vec{n} = 0$

Aufgaben

a) e) i)

1 Die Gleichung der Geraden g lautet $\vec{x} = \begin{pmatrix} 1 \\ -5 \\ 2 \end{pmatrix} + r \begin{pmatrix} 1 \\ -4 \\ 1 \end{pmatrix}$; $r \in \mathbb{R}$. Welche gegenseitige Lage haben g und E? Geben Sie gegebenenfalls den Durchstoßpunkt an.

a) $E: x_1 + x_2 + 3x_3 = 3$ b) $E: 5x_1 + 2x_2 + 2x_3 = 8$

c) $E: 4x_1 + x_2 = -1$ d) $E: -x_1 + 2x_2 - x_3 = 0$

e) $E: \left(\vec{x} - \begin{pmatrix} 1 \\ 0 \\ 3 \end{pmatrix} \right) \cdot \begin{pmatrix} 9 \\ 1 \\ 0 \end{pmatrix} = 0$ f) $E: \left(\vec{x} - \begin{pmatrix} 0 \\ -1 \\ 1 \end{pmatrix} \right) \cdot \begin{pmatrix} 1 \\ 0 \\ 1 \end{pmatrix} = 0$

g) $E: \left(\vec{x} - \begin{pmatrix} 2 \\ -5 \\ 1 \end{pmatrix} \right) \cdot \begin{pmatrix} 0 \\ 1 \\ 4 \end{pmatrix} = 0$ h) $E: \left(\vec{x} - \begin{pmatrix} -1 \\ 3 \\ 0 \end{pmatrix} \right) \cdot \begin{pmatrix} 1 \\ 1 \\ -3 \end{pmatrix} = 0$

i) $E: \vec{x} = \begin{pmatrix} 2 \\ -9 \\ 3 \end{pmatrix} + s \begin{pmatrix} 1 \\ 0 \\ 0 \end{pmatrix} + t \begin{pmatrix} 2 \\ 1 \\ 0 \end{pmatrix}$; $s, t \in \mathbb{R}$ j) $E: \vec{x} = \begin{pmatrix} 4 \\ -17 \\ 5 \end{pmatrix} + s \begin{pmatrix} 5 \\ 1 \\ 0 \end{pmatrix} + t \begin{pmatrix} -1 \\ 4 \\ -1 \end{pmatrix}$; $s, t \in \mathbb{R}$

2 Zeigen Sie: Die Gerade g mit $\vec{x} = \begin{pmatrix} 1 \\ -2 \\ 2 \end{pmatrix} + r \begin{pmatrix} 0 \\ -1 \\ 1 \end{pmatrix}$; $r \in \mathbb{R}$ verläuft parallel zur Ebene E mit $x_1 + 2x_2 + 2x_3 = 0$.

3 Gegeben ist die Gerade g durch die Punkte A(2 | 3 | 2) und B(− 2 | 5 |2) sowie die Ebene E mit $\vec{x} = \begin{pmatrix} 2 \\ 3 \\ 2 \end{pmatrix} + u \begin{pmatrix} 2 \\ -1 \\ 0 \end{pmatrix} + v \begin{pmatrix} -2 \\ -2,5 \\ -1 \end{pmatrix}$; $u, v \in \mathbb{R}$.

a) Geben Sie eine Gleichung der Ebene E in Koordinatenform an.
   Bestimmen Sie die Schnittpunkte von E mit den Koordinatenachsen.

b) Begründen Sie: Die Gerade g liegt in der Ebene E.

4 Gegeben sind die Ebene E durch $\left(\vec{x} - \begin{pmatrix} 1 \\ 0 \\ 1 \end{pmatrix} \right) \cdot \begin{pmatrix} 1 \\ 0 \\ 3 \end{pmatrix} = 0$ und die Gerade g mit $g: \vec{x} = \begin{pmatrix} 1 \\ -1 \\ 0 \end{pmatrix} + t \begin{pmatrix} -6 \\ 1 \\ 2 \end{pmatrix}$; $t \in \mathbb{R}$.

a) Überprüfen Sie, ob P(−17 | 2 | 6) ein gemeinsamer Punkt von g und E ist.

b) Wie viele gemeinsame Punkte haben g und E? Begründen Sie Ihre Antwort.

5 Gegeben sind die Ebene E durch $-3x_1 + 2x_2 + x_3 = 6$ und die Gerade g mit $g: \vec{x} = \begin{pmatrix} 2 \\ 1 \\ 1 \end{pmatrix} + t \begin{pmatrix} 1 \\ 1 \\ 1 \end{pmatrix}$; $t \in \mathbb{R}$. Verläuft g parallel zu E? Begründen Sie.

6 Die Ebene E ist gegeben durch die Gleichung $x_1 + 2x_2 - 4x_3 = 4$.
Der Punkt P(6 | 6 | −7) wird an der Ebene E gespiegelt.
Bestimmen Sie die Koordinaten des gespiegelten Punktes.

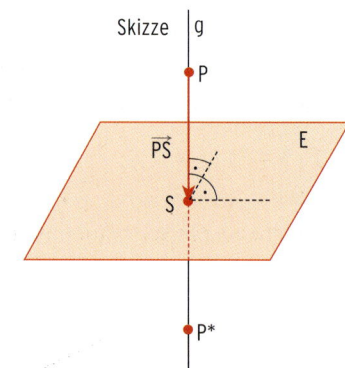

6.2 Gegenseitige Lage von zwei Ebenen

Für die Lage zweier Ebenen E und F gibt es **drei Fälle.**

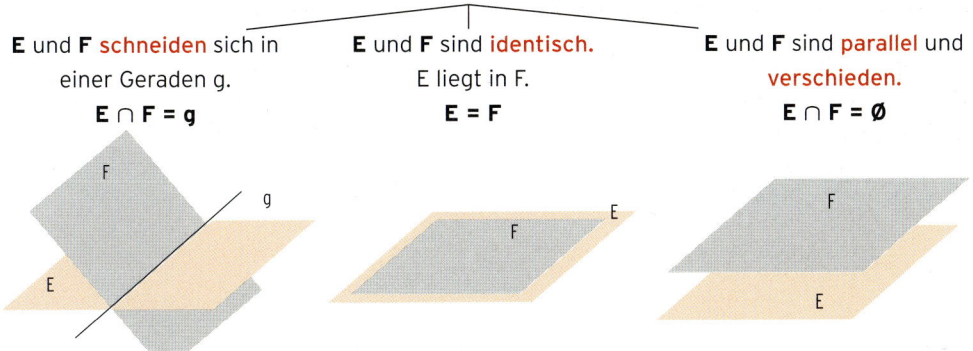

| E und **F** schneiden sich in einer Geraden g.
E ∩ F = g | E und **F** sind identisch.
E liegt in F.
E = F | E und **F** sind parallel und verschieden.
E ∩ F = Ø |

Die Ebenengleichungen sind in Parameterform gegeben

Beispiel

⮑ Die zwei Ebenen sind in Parameterform gegeben:

$$E: \vec{x} = \begin{pmatrix} 2 \\ 4 \\ 1 \end{pmatrix} + r\begin{pmatrix} 1 \\ -2 \\ 3 \end{pmatrix} + s\begin{pmatrix} 1 \\ -1 \\ 5 \end{pmatrix}; r, s \in \mathbb{R} \quad \text{und} \quad F: \vec{x} = \begin{pmatrix} 3 \\ 5 \\ 12 \end{pmatrix} + r^*\begin{pmatrix} 0 \\ -2 \\ -6 \end{pmatrix} + s^*\begin{pmatrix} -4 \\ 7 \\ -10 \end{pmatrix}; r^*, s^* \in \mathbb{R}.$$

Untersuchen Sie die gegenseitige Lage von E und F.

Bestimmen Sie gegebenenfalls eine Gleichung der Schnittgeraden g.

Lösung

Gegenseitige Lage von E und F

Gleichsetzen:
$$\begin{pmatrix} 2 \\ 4 \\ 1 \end{pmatrix} + r\begin{pmatrix} 1 \\ -2 \\ 3 \end{pmatrix} + s\begin{pmatrix} 1 \\ -1 \\ 5 \end{pmatrix} = \begin{pmatrix} 3 \\ 5 \\ 12 \end{pmatrix} + r^*\begin{pmatrix} 0 \\ -2 \\ -6 \end{pmatrix} + s^*\begin{pmatrix} -4 \\ 7 \\ -10 \end{pmatrix}$$

Umformung:
$$r\begin{pmatrix} 1 \\ -2 \\ 3 \end{pmatrix} + s\begin{pmatrix} 1 \\ -1 \\ 5 \end{pmatrix} + r^*\begin{pmatrix} 0 \\ 2 \\ 6 \end{pmatrix} + s^*\begin{pmatrix} 4 \\ -7 \\ 10 \end{pmatrix} = \begin{pmatrix} 1 \\ 1 \\ 11 \end{pmatrix}$$

Matrixumformung:
$$\begin{array}{cccc} r & s & r^* & s^* \end{array}$$
$$\left(\begin{array}{cccc|c} 1 & 1 & 0 & 4 & 1 \\ -2 & -1 & 2 & -7 & 1 \\ 3 & 5 & 6 & 10 & 11 \end{array}\right) \sim \left(\begin{array}{cccc|c} 1 & 1 & 0 & 4 & 1 \\ 0 & 1 & 2 & 1 & 3 \\ 0 & 2 & 6 & -2 & 8 \end{array}\right) \sim \left(\begin{array}{cccc|c} 1 & 1 & 0 & 4 & 1 \\ 0 & 1 & 2 & 1 & 3 \\ 0 & 0 & 2 & -4 & 2 \end{array}\right)$$

Aus der 3. Zeile: $\quad 2r^* - 4s^* = 2 \Leftrightarrow r^* = 2s^* + 1$

Das LGS ist mehrdeutig (allgemein) lösbar. Es ist **ein Parameter** frei wählbar, z.B. s*.

Die Ebenen schneiden sich in einer Geraden.

Bestimmung der Schnittgeraden g

Einsetzen von r* = 2s* + 1 in die Ebenengleichung von F:

$$\vec{x} = \begin{pmatrix} 3 \\ 5 \\ 12 \end{pmatrix} + (2s^* + 1)\begin{pmatrix} 0 \\ -2 \\ -6 \end{pmatrix} + s^*\begin{pmatrix} -4 \\ 7 \\ -10 \end{pmatrix} = \begin{pmatrix} 3 \\ 5 \\ 12 \end{pmatrix} + 2s^*\begin{pmatrix} 0 \\ -2 \\ -6 \end{pmatrix} + \begin{pmatrix} 0 \\ -2 \\ -6 \end{pmatrix} + s^*\begin{pmatrix} -4 \\ 7 \\ -10 \end{pmatrix} = \begin{pmatrix} 3 \\ 3 \\ 6 \end{pmatrix} + s^*\begin{pmatrix} -4 \\ 3 \\ -22 \end{pmatrix}$$

Gleichung der Schnittgeraden g: $\vec{x} = \begin{pmatrix} 3 \\ 3 \\ 6 \end{pmatrix} + s^*\begin{pmatrix} -4 \\ 3 \\ -22 \end{pmatrix}; s^* \in \mathbb{R}$

Was man wissen sollte – über die gegenseitige Lage von zwei Ebenen

Die Ebenengleichungen sind in Parameterform gegeben:

$E: \vec{x} = \vec{a} + r\vec{u} + s\vec{v}$; $r, s \in \mathbb{R}$ bzw. $F: \vec{x} = \vec{b} + r^*\vec{w} + s^*\vec{z}$; $r^*, s^* \in \mathbb{R}$

Untersuchung der gegenseitigen Lage von E und F

durch Gleichsetzen: $\vec{a} + r\vec{u} + s\vec{v} = \vec{b} + r^*\vec{w} + s^*\vec{z}$

Umformung: $r\vec{u} + s\vec{v} - r^*\vec{w} - s^*\vec{z} = \vec{b} - \vec{a}$

führt auf ein LGS für r, s, r* und s*.

Lösbarkeit: Dieses LGS ist **nie eindeutig lösbar.**

Es können drei Fälle auftreten.

Das LGS hat **unendlich viele Lösungen**   Das LGS ist **unlösbar**

1 Unbekannte ist frei wählbar.

E und F **schneiden** sich in einer Geraden g.

$E \cap F = g$

2 Unbekannte sind frei wählbar.

E und F sind **identisch.**

$E = F$

E und F sind **parallel und verschieden.**

$E \cap F = \emptyset$

Beispiel

Das Gleichsetzen und die Umformungen führen z. B. auf das folgende LGS:

$$\begin{array}{cccc} r & s & r^* & s^* \\ \begin{pmatrix} 1 & 1 & 1 & 4 \\ 0 & 1 & 2 & 1 \\ 0 & 0 & 1 & 1 \end{pmatrix} & \begin{matrix} 1 \\ 3 \\ 2 \end{matrix} \end{array}$$

Eine Unbekannte ist frei wählbar.

Es gibt eine **Schnittgerade.**

Mithilfe von s* + r* = 2 bestimmt man die Schnittgerade.

$$\begin{array}{cccc} r & s & r^* & s^* \\ \begin{pmatrix} 1 & 1 & 1 & 4 \\ 0 & 1 & 2 & 1 \\ 0 & 0 & 0 & 0 \end{pmatrix} & \begin{matrix} 1 \\ 3 \\ 0 \end{matrix} \end{array}$$

Zwei Unbekannte sind frei wählbar.

Die Ebenen sind **identisch.**

$$\begin{array}{cccc} r & s & r^* & s^* \\ \begin{pmatrix} 1 & 1 & 1 & 4 \\ 0 & 1 & 2 & 1 \\ 0 & 0 & 0 & 0 \end{pmatrix} & \begin{matrix} 1 \\ 3 \\ 5 \end{matrix} \end{array}$$

Unlösbar

Die Ebenen sind **echt parallel.**

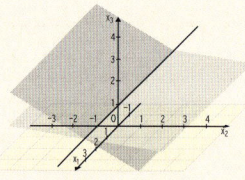
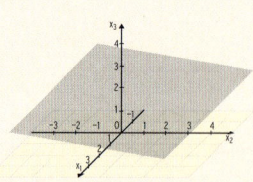
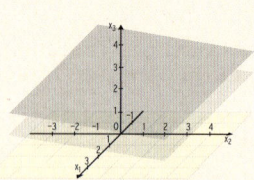

Aufgaben

1 Untersuchen Sie die gegenseitige Lage der Ebenen E und F.
Bestimmen Sie gegebenenfalls die Schnittgerade.

a)

a) $E: \vec{x} = \begin{pmatrix} 4 \\ 0 \\ 1 \end{pmatrix} + r\begin{pmatrix} 0 \\ 2 \\ 1 \end{pmatrix} + s\begin{pmatrix} 3 \\ -1 \\ -2 \end{pmatrix}$; r, s ∈ ℝ $F: \vec{x} = \begin{pmatrix} -2 \\ -2 \\ 1 \end{pmatrix} + u\begin{pmatrix} 5 \\ 2 \\ -1 \end{pmatrix} + v\begin{pmatrix} -2 \\ -1 \\ 0 \end{pmatrix}$; u, v ∈ ℝ

b) $E: \vec{x} = \begin{pmatrix} 1 \\ 3 \\ -3 \end{pmatrix} + r\begin{pmatrix} 1 \\ 0 \\ 2 \end{pmatrix} + s\begin{pmatrix} -2 \\ 1 \\ 3 \end{pmatrix}$; r, s ∈ ℝ $F: \vec{x} = u\begin{pmatrix} -1 \\ 1 \\ 5 \end{pmatrix} + v\begin{pmatrix} -5 \\ 3 \\ 11 \end{pmatrix}$; u, v ∈ ℝ

c) $E: \vec{x} = r\begin{pmatrix} 1 \\ 0 \\ -1 \end{pmatrix} + s\begin{pmatrix} 2 \\ 1 \\ 3 \end{pmatrix}$; r, s ∈ ℝ $F: \vec{x} = \begin{pmatrix} 7 \\ 1 \\ -2 \end{pmatrix} + u\begin{pmatrix} 15 \\ 4 \\ 5 \end{pmatrix} + v\begin{pmatrix} -1 \\ 1 \\ 6 \end{pmatrix}$; u, v ∈ ℝ

d) $E: \vec{x} = r\begin{pmatrix} 1 \\ 0 \\ -1 \end{pmatrix} + s\begin{pmatrix} 2 \\ 1 \\ 3 \end{pmatrix}$; r, s ∈ ℝ $F: \vec{x} = u\begin{pmatrix} 0 \\ 1 \\ 0 \end{pmatrix} + v\begin{pmatrix} 0 \\ 0 \\ 1 \end{pmatrix}$; u, v ∈ ℝ

e) $E: \vec{x} = \begin{pmatrix} 3 \\ 0 \\ 1 \end{pmatrix} + r\begin{pmatrix} 0 \\ 2 \\ 1 \end{pmatrix} + s\begin{pmatrix} 3 \\ -1 \\ -2 \end{pmatrix}$; r, s ∈ ℝ $F: \vec{x} = u\begin{pmatrix} 1 \\ 0 \\ 0 \end{pmatrix} + v\begin{pmatrix} 0 \\ 1 \\ 0 \end{pmatrix}$; u, v ∈ ℝ

2 Die Ebenen E und F schneiden sich in der Geraden g mit der Gleichung

$g: \vec{x} = \begin{pmatrix} -5 \\ 1 \\ 2 \end{pmatrix} + r\begin{pmatrix} -2 \\ 3 \\ 0 \end{pmatrix}$; r ∈ ℝ.

Geben Sie mögliche Ebenengleichungen für E und F an.

3 Geben Sie die Gleichungen von zwei Ebenen an, die
• sich in einer Geraden schneiden, die parallel zur x_1-Achse verläuft.
• identisch sind.
• sich nicht schneiden.

4 Im Anschauungsraum sind die Punkte A(−2 | −1 | 10), B(2 | 2 | 3), C(−1 | 0 | 8) und die

Ebene E durch $E: \vec{x} = \begin{pmatrix} 1 \\ 0 \\ 4 \end{pmatrix} + r\begin{pmatrix} -1 \\ 0 \\ 2 \end{pmatrix} + s\begin{pmatrix} 0 \\ 1 \\ 2 \end{pmatrix}$; r, s ∈ ℝ, gegeben.

Die Punkte A, B und C bestimmen die Ebene F.

a) Bestimmen Sie eine Gleichung der Schnittgeraden von
E und F.

b) Prüfen Sie, ob der Punkt P(6 | 5 | −4) auf der Strecke
AB liegt.

c) Bestimmen Sie die Schnittmenge der x_1x_3-Ebene mit
der Fläche des Dreiecks ABC.

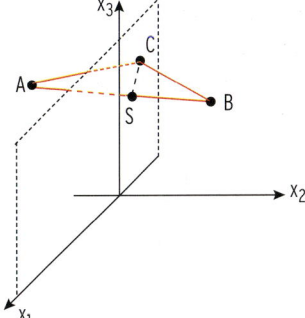

Mindestens eine Ebenengleichung ist in Koordinatenform (Normalenform) gegeben

Beispiel

➡ Die beiden Ebenengleichungen sind in der Koordinatenform gegeben.

E: $x_1 + 2x_2 + 3x_3 = -2$ und F: $-x_1 - 3x_2 - 2x_3 - 5 = 0$.

Bestimmen Sie die Gleichung der Schnittgeraden g von E und F.

Lösung

Die Koordinaten x_1, x_2, x_3 eines Schnittpunktes müssen beide Ebenengleichungen erfüllen.

Dies führt auf ein LGS mit

2 Gleichungen für 3 Unbekannte:

$$x_1 + 2x_2 + 3x_3 = -2$$
$$-x_1 - 3x_2 - 2x_3 = 5$$

Das LGS nach Umformung
in „Richtung" Dreiecksform:

$$\begin{array}{ccc} x_1 & x_2 & x_3 \end{array}$$
$$\left(\begin{array}{ccc|c} 1 & 2 & 3 & -2 \\ -1 & -3 & -2 & 5 \end{array} \right) \sim \left(\begin{array}{ccc|c} 1 & 2 & 3 & -2 \\ 0 & -1 & 1 & 3 \end{array} \right)$$

2. Zeile als Gleichung:

$$-x_2 + x_3 = 3$$

Bei einer Gleichung mit 2 Unbekannten kann
eine Unbekannte frei gewählt werden.

Wir wählen $x_3 = r$ ($r \in \mathbb{R}$). Umformung:

$$-x_2 + r = 3 \Leftrightarrow x_2 = r - 3$$

Einsetzen von x_3 und x_2 in
$x_1 + 2x_2 + 3x_3 = -2$:

$$x_1 + 2(r - 3) + 3r = -2$$

Nach x_1 auflösen:

$$x_1 = -5r + 4$$

Ortsvektor der gemeinsamen Punkte

$$\vec{x} = \begin{pmatrix} -5r + 4 \\ r - 3 \\ r \end{pmatrix} = \begin{pmatrix} 4 \\ -3 \\ 0 \end{pmatrix} + r \begin{pmatrix} -5 \\ 1 \\ 1 \end{pmatrix}; r \in \mathbb{R}$$

Dies ist die Gleichung der Schnittgeraden g.

Beispiel

➡ Gegeben sind die Ebenen E und F durch

E: $\left(\vec{x} - \begin{pmatrix} 3 \\ 2 \\ 0 \end{pmatrix} \right) \cdot \begin{pmatrix} 2 \\ 1 \\ -1 \end{pmatrix} = 0$ und F: $\left(\vec{x} - \begin{pmatrix} 1 \\ 2 \\ -2 \end{pmatrix} \right) \cdot \begin{pmatrix} 4 \\ 2 \\ -2 \end{pmatrix} = 0$.

Untersuchen Sie die Lage von E und F.

Lösung

Gleichung von E in Koordinatenform:

$$2x_1 + x_2 - x_3 - 8 = 0$$
$$2x_1 + x_2 - x_3 = 8$$

Gleichung von F in Koordinatenform:

$$4x_1 + 2x_2 - 2x_3 - 12 = 0$$

Vereinfachte Form von F:

$$2x_1 + x_2 - x_3 = 6$$

Das zugehörige LGS ist unlösbar, E und F sind parallel und verschieden (echt parallel).

Hinweis: Die Normalenvektoren von E und F sind linear abhängig. E und F sind parallel.

Beispiel

⊃ Gegeben sind die Ebenen E, F und H durch die Gleichungen

$$E: \vec{x} = \begin{pmatrix} 1 \\ 0 \\ 2 \end{pmatrix} + r \begin{pmatrix} -2 \\ 1 \\ 1 \end{pmatrix} + s \begin{pmatrix} -4 \\ 2 \\ 1 \end{pmatrix}; \; r, s \in \mathbb{R}; \quad F: x_1 + 2x_2 - 4x_3 = 1; \quad H: \left(\vec{x} - \begin{pmatrix} 3 \\ 0 \\ 0 \end{pmatrix} \right) \cdot \begin{pmatrix} 1 \\ 2 \\ 0 \end{pmatrix} = 0.$$

Wie liegt E zu F bzw. E zu H? Bestimmen Sie gegebenenfalls die Schnittgerade.

Lösung

E ∩ F

Gleichung von E in die Koordinatenform umwandeln.

$$\vec{n} = \vec{u} \times \vec{v} \qquad\qquad \vec{n} = \begin{pmatrix} -2 \\ 1 \\ 1 \end{pmatrix} \times \begin{pmatrix} -4 \\ 2 \\ 1 \end{pmatrix} = \begin{pmatrix} -1 \\ -2 \\ 0 \end{pmatrix}$$

Normalenform von E:

$$\left(\vec{x} - \begin{pmatrix} 1 \\ 0 \\ 2 \end{pmatrix} \right) \cdot \begin{pmatrix} -1 \\ -2 \\ 0 \end{pmatrix} = 0$$

Koordinatengleichung von E: $\qquad\qquad$ E: $-x_1 - 2x_2 = -1$

Koordinatengleichung von F: $\qquad\qquad$ F: $x_1 + 2x_2 - 4x_3 = 1$

Umformung in „Richtung" Dreiecksform:

$$\begin{array}{ccc} x_1 & x_2 & x_3 \end{array}$$
$$\left(\begin{array}{ccc|c} -1 & -2 & 0 & -1 \\ 1 & 2 & -4 & 1 \end{array} \right)$$

$$\left(\begin{array}{ccc|c} -1 & -2 & 0 & -1 \\ 0 & 0 & -4 & 0 \end{array} \right)$$

2. Zeile als Gleichung: $\qquad\qquad$ $-4x_3 = 0$

$\qquad\qquad\qquad\qquad\qquad\qquad$ $x_3 = 0$

1. Zeile als Gleichung: $\qquad\qquad$ $-x_1 - 2x_2 = -1$

Eine Gleichung mit 2 Unbekannten, eine Unbekannte ist frei wählbar, z. B. $x_2 = r$ ($r \in \mathbb{R}$).

Umformung: $\qquad\qquad\qquad\qquad$ $-x_1 - 2r = -1$

$\qquad\qquad\qquad\qquad\qquad\qquad$ $x_1 = 1 - 2r$

Ortsvektor der gemeinsamen Punkte: $\qquad$ $\vec{x} = \begin{pmatrix} 1 - 2r \\ r \\ 0 \end{pmatrix}$

Gleichung der Schnittgeraden g von E und F: $\quad \vec{x} = \begin{pmatrix} 1 \\ 0 \\ 0 \end{pmatrix} + r \begin{pmatrix} -2 \\ 1 \\ 0 \end{pmatrix}; \; r \in \mathbb{R}$

Die Ebenen E und F schneiden sich in einer Geraden.

E ∩ H

E in Koordinatenform: $\qquad\qquad$ E: $-x_1 - 2x_2 = -1$

H in Koordinatenform: $\qquad\qquad$ H: $x_1 + 2x_2 = 3$

Umformung in „Richtung" Dreiecksform:

$$\begin{array}{ccc} x_1 & x_2 & x_3 \end{array}$$
$$\left(\begin{array}{ccc|c} -1 & -2 & 0 & -1 \\ 1 & 2 & 0 & 3 \end{array} \right)$$

$$\left(\begin{array}{ccc|c} -1 & -2 & -4 & -1 \\ 0 & 0 & 0 & 2 \end{array} \right)$$

Das LGS ist unlösbar.

Die Ebenen E und H sind parallel und verschieden.

Was man wissen sollte – über die gegenseitige Lage von zwei Ebenen

Die Gleichungen von E und F sind in Koordinatenform gegeben.

E: $a_1x_1 + b_1x_2 + c_1x_3 = d_1$ F: $a_2x_1 + b_2x_2 + c_2x_3 = d_2$

Evtl. die Parameterform bzw. die Normalenform in die Koordinatenform umwandeln.

Untersuchung auf gegenseitige Lage von E und F führt auf ein (unterbestimmtes) LGS für x_1, x_2, x_3 (2 Gleichungen für 3 Unbekannte):

$$a_1x_1 + b_1x_2 + c_1x_3 = d_1$$
$$a_2x_1 + b_2x_2 + c_2x_3 = d_2$$

Lösbarkeit: Dieses LGS ist nie eindeutig lösbar.

Drei Fälle sind möglich: Das LGS ist

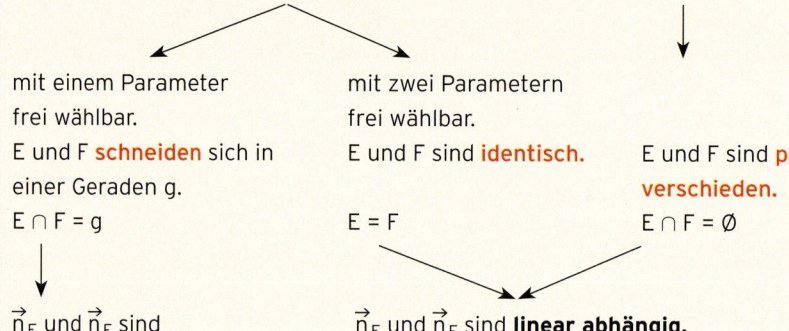

| **mehrdeutig lösbar** | **unlösbar** |

mit einem Parameter frei wählbar.

E und F **schneiden** sich in einer Geraden g.

$E \cap F = g$

mit zwei Parametern frei wählbar.

E und F sind **identisch.**

$E = F$

E und F sind **parallel und verschieden.**

$E \cap F = \emptyset$

$\vec{n}_E$ und $\vec{n}_F$ sind **linear unabhängig.**

$\vec{n}_E$ und $\vec{n}_F$ sind **linear abhängig.**

$\vec{n}_E$ ist der Normalenvektor der Ebene E. $\vec{n}_F$ ist der Normalenvektor der Ebene F.

Beispiel

E: $2x_1 + 2x_2 + 4x_3 = 8$
F: $x_1 + 3x_2 - x_3 = 1$

$\begin{matrix} x_1 & x_2 & x_3 \end{matrix}$
$\begin{pmatrix} 2 & 2 & 4 & | & 8 \\ 1 & 3 & -1 & | & 1 \end{pmatrix}$

Umformung:

$\begin{pmatrix} 2 & 2 & 4 & | & 8 \\ 0 & -4 & 6 & | & 6 \end{pmatrix}$

Es gibt eine **Schnittgerade.**
Die Lösung des LGS ergibt die Schnittgerade.

E: $2x_1 + 2x_2 + 4x_3 = 8$
F: $x_1 + x_2 + 2x_3 = 4$

$\begin{matrix} x_1 & x_2 & x_3 \end{matrix}$
$\begin{pmatrix} 2 & 2 & 4 & | & 8 \\ 1 & 1 & 2 & | & 4 \end{pmatrix}$

Umformung:

$\begin{pmatrix} 2 & 2 & 4 & | & 8 \\ 0 & 0 & 0 & | & 0 \end{pmatrix}$

Die Ebenen E und F sind **identisch.**

E: $2x_1 + 2x_2 + 4x_3 = 8$
F: $2x_1 + 2x_2 + 4x_3 = 5$

$\begin{matrix} x_1 & x_2 & x_3 \end{matrix}$
$\begin{pmatrix} 2 & 2 & 4 & | & 8 \\ 2 & 2 & 4 & | & 5 \end{pmatrix}$

Umformung:

$\begin{pmatrix} 2 & 2 & 4 & | & 8 \\ 0 & 0 & 0 & | & 3 \end{pmatrix}$

Die Ebenen E und F sind **echt parallel.**

Aufgaben

1 Untersuchen Sie die gegenseitige Lage der Ebenen E und F. Bestimmen Sie gegebenenfalls die Schnittgerade dieser beiden Ebenen.

a) d) f)

a) $E: \vec{x} = \begin{pmatrix} 1 \\ -2 \\ 0 \end{pmatrix} + r\begin{pmatrix} 1 \\ 2 \\ 1 \end{pmatrix} + s\begin{pmatrix} 1 \\ 0 \\ 2 \end{pmatrix}$; $r, s \in \mathbb{R}$ $\qquad$ $F: x_1 + x_2 - 3x_3 = 0$

b) $E: \vec{x} = r\begin{pmatrix} -5 \\ 2 \\ 2 \end{pmatrix} + s\begin{pmatrix} -2 \\ 1 \\ 0 \end{pmatrix}$; $r, s \in \mathbb{R}$ $\qquad$ $F: 2x_1 + 4x_2 + x_3 = 7$

c) $E: \vec{x} = \begin{pmatrix} 1 \\ 2 \\ 4 \end{pmatrix} + r\begin{pmatrix} 1 \\ 0 \\ 0 \end{pmatrix} + s\begin{pmatrix} 0 \\ 1 \\ 0 \end{pmatrix}$; $r, s \in \mathbb{R}$ $\qquad$ $F: x_3 - 4 = 0$

d) $E: 2x_1 + 3x_2 - x_3 = 2$ $\qquad$ $F: x_1 - x_2 + 2x_3 = 6$

e) $E: x_1 = -x_2 - 5$ $\qquad$ $F: 3x_1 + 3x_2 - 7 = 0$

f) $E: -\frac{5}{2}x_1 + \frac{1}{3}x_2 + x_3 = 2$ $\qquad$ $F: -3x_1 + \frac{2}{5}x_2 + \frac{6}{5}x_3 - \frac{12}{5} = 0$

g) $E: x_1 + x_2 - 5x_3 = 2$ $\qquad$ $F: x_1 = 0$

h) $E: 2x_1 + 3x_2 - 2x_3 = -2$ $\qquad$ $F: \left(\vec{x} - \begin{pmatrix} 1 \\ 2 \\ 0 \end{pmatrix} \right) \cdot \begin{pmatrix} 1 \\ 0 \\ 2 \end{pmatrix} = 0$

i) $E: \left(\vec{x} - \begin{pmatrix} 2 \\ 1 \\ 0 \end{pmatrix} \right) \cdot \begin{pmatrix} 1 \\ 1 \\ 0 \end{pmatrix} = 0$ $\qquad$ $F: \left(\vec{x} - \begin{pmatrix} 1 \\ 1 \\ -1 \end{pmatrix} \right) \cdot \begin{pmatrix} 2 \\ 1 \\ -1 \end{pmatrix} = 0$

2 Geben Sie die Gleichungen von zwei Ebenen in Koordinatenform an, die
• sich in einer Geraden schneiden, die parallel zur x_1-Achse verläuft.
• identisch sind.
• sich nicht schneiden.

3 Gegeben sind die drei Ebenen E, F und H durch die Gleichungen
$E: x_1 + 2x_2 + 4x_3 = 1$; $F: -x_1 - x_2 + 2x_3 = 1$; $H: -x_1 - x_2 + x_3 = 5$.
Untersuchen Sie die gegenseitige Lage der drei Ebenen.
Interpretieren Sie Ihr Ergebnis geometrisch.

4 Gegeben sind die Ebenen E und F durch $E: x_1 - 2x_3 = 7$ und $F: 2x_1 - x_3 = 11$.

a) Hans sagt: „Wenn E und F eine Schnittgerade haben, so muss diese parallel zur x_2-Achse sein." Nehmen Sie Stellung dazu.

b) Bestimmen Sie die gemeinsamen Punkte von E und F.

c) Die Punkte $A(1 \mid 5 \mid 1)$, $B(-1 \mid 5 \mid 3)$ und $C(6 \mid -1 \mid 0)$ bestimmen die Ebene H. Prüfen Sie, ob F und H identisch sind.

5 Bestimmen Sie die Gleichung der Schnittgeraden von E und F mithilfe der Abbildung.

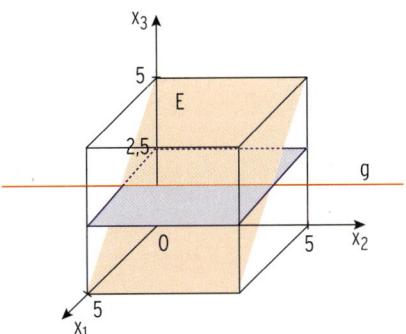

7 Ott, Bohner, Deusch - ISBN 978-3-8120-0638-5

1 Die Ebene E verläuft durch die Punkte A(-1 | 1 | 0), B(-2 | 3 | 4) und C(-2 | 0 | 3).

a) Bestimmen Sie eine Gleichung der Ebene E.

b) Überprüfen Sie, ob der Punkt D(-2 | 6 | 5) auf E liegt.

2 Bestimmen Sie eine Gleichung der Ebene E in Koordinatenform.

a) $E: \vec{x} \cdot \begin{pmatrix} 2 \\ 1 \\ 3 \end{pmatrix} = 3$

b) $E: \left(\vec{x} - \begin{pmatrix} -2 \\ 1 \\ 0 \end{pmatrix} \right) \cdot \begin{pmatrix} 5 \\ 1 \\ -3 \end{pmatrix} = 0$

c) $E: \left(\vec{x} - \begin{pmatrix} 0 \\ 1 \\ 0 \end{pmatrix} \right) \cdot \begin{pmatrix} 7 \\ 4 \\ 3 \end{pmatrix} = 5$

d) $E: \vec{x} = \begin{pmatrix} 1 \\ 1 \\ 3 \end{pmatrix} + r \begin{pmatrix} -1 \\ 2 \\ 1 \end{pmatrix} + s \begin{pmatrix} 1 \\ 2 \\ 0 \end{pmatrix}; r, s \in \mathbb{R}$

3 Bestimmen Sie die Spurpunkte der Ebene E: $2x_1 + x_3 = 4$.

Welche besondere Lage hat E?

Geben Sie die Spurgerade von E mit der x_1x_3-Ebene an.

4 Bestimmen Sie die gegenseitige Lage von g und E.

Steht g senkrecht auf E? Begründen Sie Ihre Antwort.

a) $g: \vec{x} = t \begin{pmatrix} -1 \\ 1 \\ 1 \end{pmatrix}; t \in \mathbb{R}$

$E: \vec{x} = \begin{pmatrix} 6 \\ 0 \\ 0 \end{pmatrix} + r \begin{pmatrix} 2 \\ 1 \\ 1 \end{pmatrix} + s \begin{pmatrix} 1 \\ 0 \\ 1 \end{pmatrix}; r, s \in \mathbb{R}$

b) $g: \vec{x} = \begin{pmatrix} 2 \\ 0 \\ 1 \end{pmatrix} + t \begin{pmatrix} 3 \\ -4 \\ 2 \end{pmatrix}; t \in \mathbb{R}$

$E: 2x_1 + x_2 - x_3 = -1$

5 Untersuchen Sie die gegenseitige Lage der Ebenen E und F. Bestimmen Sie ggf. die Schnittgerade dieser beiden Ebenen.

a) $E: x_1 - 3x_2 + 2x_3 = 2$

$F: x_1 - x_3 = -1$

b) $E: \vec{x} = \begin{pmatrix} 3 \\ 0 \\ -1 \end{pmatrix} + r \begin{pmatrix} 1 \\ 0 \\ -2 \end{pmatrix} + s \begin{pmatrix} 3 \\ 2 \\ 0 \end{pmatrix}; r, s \in \mathbb{R}$

$F: 2x_1 - 3x_2 + x_3 = 0$

6 Gegeben ist die Ebene E durch $\left(\vec{x} - \begin{pmatrix} 1 \\ 0 \\ 3 \end{pmatrix} \right) \cdot \begin{pmatrix} -2 \\ 1 \\ -3 \end{pmatrix} = 0$.

Bestimmen Sie die Gleichung einer Geraden g, die senkrecht auf E steht und durch den Punkt A(-3 | 6 | 4) verläuft.

7 Abstandsberechnungen im Raum

7.1 Abstand von zwei Punkten

Zwei Flugzeuge müssen einen Mindestabstand einhalten. Sind die Positionen der Flugzeuge (z. B. durch GPS) bekannt, so berechnet man den Abstand der beiden Punkte.

Der Abstand zwischen zwei Punkten A und B ist die Länge (der Betrag) des Vektors $\overrightarrow{AB}$. Diese Länge wurde im Kapitel Skalarprodukt schon berechnet.

Beachten Sie:

Gegeben sind die zwei Punkte A $(a_1 \,|\, a_2 \,|\, a_3)$ und B $(b_1 \,|\, b_2 \,|\, b_3)$.

Für den **Abstand d der Punkte A und B** gilt:

$$d = \left|\overrightarrow{AB}\right| = \left\|\begin{pmatrix} b_1 - a_1 \\ b_2 - a_2 \\ b_3 - a_3 \end{pmatrix}\right\| = \sqrt{(b_1 - a_1)^2 + (b_2 - a_2)^2 + (b_3 - a_3)^2}$$

Beispiel

➲ Berechnen Sie den Abstand der Punkte A$(-4 \,|\, -7 \,|\, 3)$ und B$(5 \,|\, -3 \,|\, -2)$.

Lösung

Vektor $\overrightarrow{AB}$: $\overrightarrow{AB} = \overrightarrow{OB} - \overrightarrow{OA} = \begin{pmatrix} 5 \\ -3 \\ -2 \end{pmatrix} - \begin{pmatrix} -4 \\ -7 \\ 3 \end{pmatrix} = \begin{pmatrix} 9 \\ 4 \\ -5 \end{pmatrix}$

Abstand d: $d = \left|\overrightarrow{AB}\right| = \sqrt{9^2 + 4^2 + (-5)^2} = \sqrt{122} = 11{,}05$

Aufgaben

1 Gegeben sind die Punkte A und B. Berechnen Sie den Abstand der Punkte A und B.

a) A$(6 \,|\, -5 \,|\, 1)$, B$(-5 \,|\, 3 \,|\, 7)$

b) A$(-0{,}5 \,|\, -2 \,|\, 1{,}5)$, B$(2{,}5 \,|\, 0 \,|\, -0{,}5)$

c) A$(10 \,|\, 7 \,|\, -5)$, B$(0 \,|\, 0 \,|\, 0)$

d) A$(4 \,|\, -3 \,|\, 2)$, B$(-4 \,|\, 3 \,|\, -2)$

2 Die Abbildung zeigt einen Würfel.
S ist der Schnittpunkt der Raumdiagonalen. Welchen Abstand hat S von den Eckpunkten des Würfels?

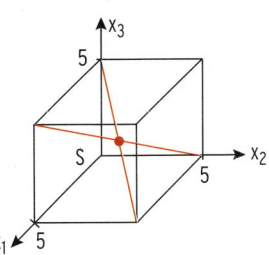

7.2 Abstand eines Punktes von einer Ebene

Ein Punkt A, der nicht in der Ebene liegt, hat verschiedene Entfernungen zu den Punkten der Ebene.
Die kleinste Entfernung zu einem Ebenenpunkt
heißt Abstand des Punktes A von der Ebene.

Beachten Sie:

Der **Abstand eines Punktes A von der Ebene E** ist die **kleinste Entfernung** von A zu E.

Berechnung des Abstandes d

Gleichung der Ebene E: $(\vec{x} - \vec{p}) \cdot \vec{n} = 0$
$\vec{a} - \vec{p}$ und $\vec{n}$ schließen den Winkel α ein.

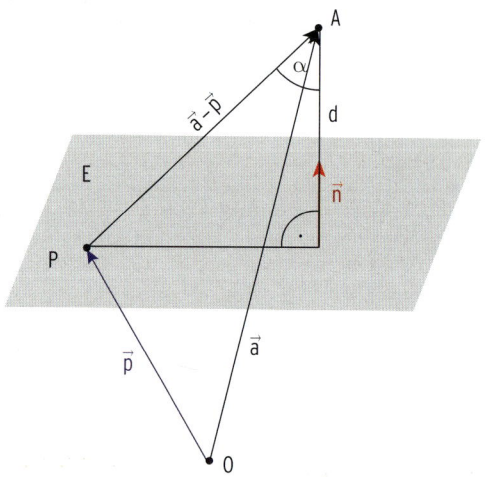

Aus dem Skalarprodukt: $\cos(\alpha) = \dfrac{(\vec{a} - \vec{p}) \cdot \vec{n}}{|(\vec{a} - \vec{p})| \cdot |\vec{n}|}$

Rechtwinkliges Dreieck: $\cos(\alpha) = \dfrac{d}{|(\vec{a} - \vec{p})|}$

$$d = |(\vec{a} - \vec{p})| \cdot \cos(\alpha)$$

Einsetzen von $\cos(\alpha)$:

$$d = |(\vec{a} - \vec{p})| \cdot \dfrac{(\vec{a} - \vec{p}) \cdot \vec{n}}{|(\vec{a} - \vec{p})| \cdot |\vec{n}|} = \dfrac{(\vec{a} - \vec{p}) \cdot \vec{n}}{|\vec{n}|}$$

Diese Formel liefert für $0 \leq \alpha \leq 90°$ einen
positiven Wert.
Andernfalls ergibt sich ein negativer Wert.

Nimmt man den Betrag, so erhält man den (positiven) Abstand d:

$$d = \left| \dfrac{(\vec{a} - \vec{p}) \cdot \vec{n}}{|\vec{n}|} \right| \text{ mit } |\vec{n}| = \sqrt{n_1^2 + n_2^2 + n_3^2}$$

Mit $\vec{a} = \begin{pmatrix} a_1 \\ a_2 \\ a_3 \end{pmatrix}$, $\vec{n} = \begin{pmatrix} n_1 \\ n_2 \\ n_3 \end{pmatrix}$ und $\vec{p} \cdot \vec{n} = b$ erhält man: $(\vec{a} - \vec{p}) \cdot \vec{n} = n_1 a_1 + n_2 a_2 + n_3 a_3 - b$.

Abstandsformel in Koordinatenform: $d = \left| \dfrac{n_1 a_1 + n_2 a_2 + n_3 a_3 - b}{\sqrt{n_1^2 + n_2^2 + n_3^2}} \right|$

Beachten Sie:

Abstand d eines Punktes $A(a_1 \mid a_2 \mid a_3)$ von der Ebene E

Für E: $(\vec{x} - \vec{p}) \cdot \vec{n} = 0$ $\qquad\qquad$ $d = \left| \dfrac{(\vec{a} - \vec{p}) \cdot \vec{n}}{|\vec{n}|} \right|$

Für E: $n_1 x_1 + n_2 x_2 + n_3 x_3 - b = 0$ $\qquad$ $d = \left| \dfrac{n_1 a_1 + n_2 a_2 + n_3 a_3 - b}{\sqrt{n_1^2 + n_2^2 + n_3^2}} \right|$

Merkregel zur Berechnung des Abstands eines Punktes A von einer Ebene E:
„Ersetze $\vec{x}$ in der linken Seite der Ebenengleichung durch $\vec{a}$ und teile durch $|\vec{n}|$."

Hinweis: Der Abstand zweier paralleler Ebenen E und F ist der Abstand eines beliebigen Punktes auf E von der Ebene F.

Bemerkung: Der Vektor $\vec{n_0} = \dfrac{\vec{n}}{|\vec{n}|}$ hat die Länge 1.

Er wird auch als Normaleneinheitsvektor $\vec{n_0}$ bezeichnet.

Die Normalenform E: $(\vec{x} - \vec{p}) \cdot \vec{n_0} = 0$ heißt **Hessesche Normalenform.**

Für den Abstand d eines Punktes $A(a_1 \mid a_2 \mid a_3)$ von der Ebene E gilt:

$d = \left| (\vec{a} - \vec{p}) \cdot \vec{n_0} \right|$.

Beispiel

⊃ Berechnen Sie den Abstand des Punktes $A(-2 \mid 4 \mid 5)$ von der Ebene E.

a) $E: \left(\vec{x} - \begin{pmatrix} 2 \\ 1 \\ 0 \end{pmatrix} \right) \cdot \begin{pmatrix} 2 \\ -1 \\ -3 \end{pmatrix} = 0$ $\qquad\qquad$ b) $E: 3x_1 - 4x_2 + 2x_3 = 5$

Lösung

a) $\vec{n} = \begin{pmatrix} n_1 \\ n_2 \\ n_3 \end{pmatrix} = \begin{pmatrix} 2 \\ -1 \\ -3 \end{pmatrix}$ $\quad |\vec{n}| = \sqrt{2^2 + (-1)^2 + (-3)^2} = \sqrt{14}$

$\vec{a} = \begin{pmatrix} -2 \\ 4 \\ 5 \end{pmatrix}; \ \vec{p} = \begin{pmatrix} 2 \\ 1 \\ 0 \end{pmatrix}$ $\qquad\qquad$ $\vec{a} - \vec{p} = \begin{pmatrix} -2 \\ 4 \\ 5 \end{pmatrix} - \begin{pmatrix} 2 \\ 1 \\ 0 \end{pmatrix} = \begin{pmatrix} -4 \\ 3 \\ 5 \end{pmatrix}$

$(\vec{a} - \vec{p}) \cdot \vec{n} = \begin{pmatrix} -4 \\ 3 \\ 5 \end{pmatrix} \cdot \begin{pmatrix} 2 \\ -1 \\ -3 \end{pmatrix} = -8 - 3 - 15 = -26$

$d = \left| \dfrac{(\vec{a} - \vec{p}) \cdot \vec{n}}{|\vec{n}|} \right| = \left| \dfrac{-26}{\sqrt{14}} \right| = \dfrac{26}{\sqrt{14}} = 6{,}95$

b) $\vec{a} = \begin{pmatrix} a_1 \\ a_2 \\ a_3 \end{pmatrix} = \begin{pmatrix} -2 \\ 4 \\ 5 \end{pmatrix}$ $\quad \vec{n} = \begin{pmatrix} n_1 \\ n_2 \\ n_3 \end{pmatrix} = \begin{pmatrix} 3 \\ -4 \\ 2 \end{pmatrix}; \ b = 5$

$d = \left| \dfrac{a_1 n_1 + a_2 n_2 + a_3 n_3 - b}{\sqrt{n_1^2 + n_2^2 + n_3^2}} \right| = \left| \dfrac{(-2) \cdot 3 + 4 \cdot (-4) + 5 \cdot 2 - 5}{\sqrt{3^2 + (-4)^2 + 2^2}} \right|$

$d = \left| \dfrac{-17}{\sqrt{29}} \right| = \dfrac{17}{\sqrt{29}} = 3{,}16$

a) b) e)

Aufgaben

1 Berechnen Sie den Abstand des Punktes A von der Ebene E.

a) $E: \left(\vec{x} - \begin{pmatrix} -3 \\ 1 \\ 0 \end{pmatrix} \right) \cdot \begin{pmatrix} 2 \\ -1 \\ 0 \end{pmatrix} = 0; \ A(4 \mid 2 \mid -2)$

b) $E: x_1 - 3x_2 - x_3 = 3; \ A(0 \mid 2 \mid -4)$

c) $E: x_1 - 4x_2 = 4; \ A(0 \mid 0 \mid 0)$

d) $E: \vec{x} \cdot \begin{pmatrix} -2 \\ 1 \\ 1 \end{pmatrix} = 0; \ A(3 \mid 0 \mid 0)$

e) $E: \vec{x} = r\begin{pmatrix} 1 \\ 0 \\ 0 \end{pmatrix} + s\begin{pmatrix} 1 \\ 1 \\ 1 \end{pmatrix}; \ r, s \in \mathbb{R}; \ A(-2 \mid 3 \mid 1)$

f) $E: \vec{x} \cdot \begin{pmatrix} 4 \\ 0 \\ 2 \end{pmatrix} = \begin{pmatrix} -3 \\ 4 \\ 0 \end{pmatrix} \cdot \begin{pmatrix} 2 \\ 3 \\ 17 \end{pmatrix}; \ A(0 \mid 0 \mid 5)$

2 Die Abbildung zeigt einen Ausschnitt der Ebene E.
Welchen Abstand hat der Ursprung von der Ebene E?
Hat der Punkt A(6 | 8 | 7) einen größeren Abstand von E als
B(5 | 10 | 6)?

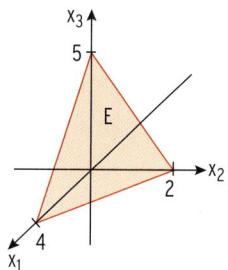

3 Die Ebenen E und F sind gegeben durch die
Gleichungen
$E: 2x_1 - 4x_2 - x_3 = 5$ und
$F: 2x_1 - 4x_2 - x_3 = 7$.

a) Begründen Sie, dass E und F parallel sind.

b) Berechnen Sie den Abstand von E und F.

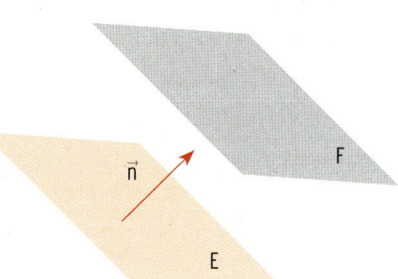

4 Gegeben sind die Ebenen E und F durch

$E: \vec{x} = r\begin{pmatrix} 2 \\ 1 \\ 3 \end{pmatrix} + s\begin{pmatrix} -2 \\ 0 \\ 1 \end{pmatrix}; \ r, s \in \mathbb{R}$ und $F: \left(\vec{x} - \begin{pmatrix} 0 \\ 0 \\ 3 \end{pmatrix} \right) \cdot \begin{pmatrix} 1 \\ -8 \\ 2 \end{pmatrix} = 0.$

a) Zeigen Sie: Die Ebenen E und F sind parallel.

b) Welchen Abstand haben die Ebenen E und F?

5 Die Gerade $g: \vec{x} = \begin{pmatrix} 2 \\ 5 \\ 6 \end{pmatrix} + r\begin{pmatrix} 2 \\ -3 \\ -3 \end{pmatrix}; \ r \in \mathbb{R}$ und die Ebene $E: 3x_1 + x_2 + x_3 = 3$ sind parallel.
Welchen Abstand hat g von E?

6 Gegeben ist die Ebene $E: 2x_1 - 2x_2 - x_3 = 4$. Bestimmen Sie eine zu E parallele Ebene F,
die von E den Abstand 3 hat.

7.3 Abstand eines Punktes von einer Geraden

Ein Flugzeug muss aus Sicherheitsgründen einen
bestimmten Abstand von der Mastspitze P haben.
Dazu muss man den Abstand des Punktes P von der
Flugbahn berechnen. Der Abstand eines Punktes P von
einer Geraden ist die kleinste Entfernung von P zur
Geraden.

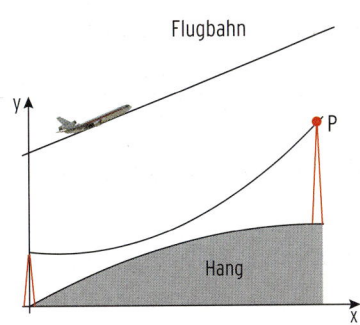

Beispiel

⮕ Berechnen Sie den Abstand des Punktes P(3 | 3 | 4) von der Geraden

$$g: \vec{x} = \begin{pmatrix} 1 \\ 1 \\ 1 \end{pmatrix} + t\begin{pmatrix} 1 \\ 2 \\ 1 \end{pmatrix}; t \in \mathbb{R}.$$

Lösung

Man sucht den Punkt Q auf g mit der kleinsten Entfernung zu P. Der Abstand von P und Q ist der Abstand
von P zur Geraden g.

$$\vec{x} = \overrightarrow{OQ} = \begin{pmatrix} 1 \\ 1 \\ 1 \end{pmatrix} + t\begin{pmatrix} 1 \\ 2 \\ 1 \end{pmatrix} = \begin{pmatrix} 1+t \\ 1+2t \\ 1+t \end{pmatrix}$$

$$\overrightarrow{PQ} = \overrightarrow{OQ} - \overrightarrow{OP} = \begin{pmatrix} 1+t \\ 1+2t \\ 1+t \end{pmatrix} - \begin{pmatrix} 3 \\ 3 \\ 4 \end{pmatrix} = \begin{pmatrix} t-2 \\ 2t-2 \\ t-3 \end{pmatrix}$$

Der Vektor $\overrightarrow{PQ}$ steht senkrecht auf dem Richtungsvektor $\vec{u}$ der Geraden g.

Bedingung: $\overrightarrow{PQ} \cdot \vec{u} = 0$

$$\begin{pmatrix} t-2 \\ 2t-2 \\ t-3 \end{pmatrix} \cdot \begin{pmatrix} 1 \\ 2 \\ 1 \end{pmatrix} = 0$$

$$t - 2 + 4t - 4 + t - 3 = 0$$

Eine Gleichung in t: $6t - 9 = 0 \iff t = 1{,}5$

Einsetzen von t = 1,5 in $\overrightarrow{PQ} = \begin{pmatrix} t-2 \\ 2t-2 \\ t-3 \end{pmatrix}$ ergibt: $\overrightarrow{PQ} = \begin{pmatrix} -0{,}5 \\ 1 \\ -1{,}5 \end{pmatrix}$

Abstand: $\left| \overrightarrow{PQ} \right| = \sqrt{(-0{,}5)^2 + 1^2 + (-1{,}5)^2} = \sqrt{3{,}5} = 1{,}87$

Beachten Sie:

Vorgehensweise zur Berechnung des **Abstandes d eines Punktes P von der Geraden**
$g: \vec{x} = \vec{a} + t\vec{u}; t \in \mathbb{R}$:

• Punkt Q auf der Geraden g in Abhängigkeit von t angeben.

• $\overrightarrow{PQ} \cdot \vec{u} = 0$ lösen, d.h. den t-Wert bestimmen.

• Für diesen t-Wert den Vektor $\overrightarrow{PQ}$ bestimmen.

• Abstand d = $\left| \overrightarrow{PQ} \right|$ berechnen.

Alternative Lösung mithilfe einer Hilfsebene

Man legt eine Hilfsebene E_H senkrecht zu g durch P. Der Schnittpunkt Q der Geraden g mit der Hilfsebene E_H ist der Punkt mit der kleinsten Entfernung von P, da die Strecke PQ senkrecht auf g steht.

Gegeben: P(3 | 3 | 4), g: $\vec{x} = \begin{pmatrix} 1 \\ 1 \\ 1 \end{pmatrix} + t \begin{pmatrix} 1 \\ 2 \\ 1 \end{pmatrix}$; $t \in \mathbb{R}$

Ebenengleichung der Hilfsebene E_H

Ein Normalenvektor $\vec{n}$ von E_H ist der Richtungsvektor $\vec{u}$ von g:

$$\vec{n} = \vec{u} = \begin{pmatrix} 1 \\ 2 \\ 1 \end{pmatrix}$$

Normalenform:

$$(\vec{x} - \overrightarrow{OP}) \cdot \vec{n} = 0$$

Ebenengleichung von E_H in Normalenform:

$$\left(\vec{x} - \begin{pmatrix} 3 \\ 3 \\ 4 \end{pmatrix}\right) \cdot \begin{pmatrix} 1 \\ 2 \\ 1 \end{pmatrix} = 0$$

In Koordinatenform:

$$x_1 + 2x_2 + x_3 - 13 = 0$$

Schnittpunkt von g und E_H

Einsetzen: $x_1 = 1 + t$, $x_2 = 1 + 2t$, $x_3 = 1 + t$:

$$1 + t + 2(1 + 2t) + 1 + t - 13 = 0$$
$$t = 1{,}5$$

Einsetzen von $t = 1{,}5$ in g ergibt:

$$\vec{x} = \overrightarrow{OQ} = \begin{pmatrix} 1 \\ 1 \\ 1 \end{pmatrix} + 1{,}5 \begin{pmatrix} 1 \\ 2 \\ 1 \end{pmatrix} = \begin{pmatrix} 2{,}5 \\ 4 \\ 2{,}5 \end{pmatrix}$$

$\overrightarrow{PQ} = \overrightarrow{OQ} - \overrightarrow{OP}$:

$$\overrightarrow{PQ} = \begin{pmatrix} 2{,}5 \\ 4 \\ 2{,}5 \end{pmatrix} - \begin{pmatrix} 3 \\ 3 \\ 4 \end{pmatrix} = \begin{pmatrix} -0{,}5 \\ 1 \\ -1{,}5 \end{pmatrix}$$

Abstand:

$$\left|\overrightarrow{PQ}\right| = \sqrt{(-0{,}5)^2 + 1^2 + (-1{,}5)^2} = \sqrt{3{,}5} = 1{,}87$$

$$d = \left|\overrightarrow{PQ}\right| = 1{,}87$$

Beachten Sie:

Vorgehensweise zur Berechnung des **Abstandes d eines Punktes P von der Geraden** g: $\vec{x} = \vec{a} + t\vec{u}$; $t \in \mathbb{R}$.

- Ebenengleichung der Hilfsebene E_H bestimmen: $(\vec{x} - \overrightarrow{OP}) \cdot \vec{u} = 0$
- Koordinatenform aufstellen.
- Schnittpunkt Q von g und E_H bestimmen.
- Vektor $\overrightarrow{PQ}$ bestimmen.
- Abstand $d = \left|\overrightarrow{PQ}\right|$ berechnen.

Hinweis: Der Abstand zweier paralleler Geraden g und h ist der Abstand eines beliebigen Punktes auf g von der Geraden h.

Aufgaben

1 Berechnen Sie den Abstand des Punktes P von der Geraden g.

a) b)

a) $P(2 \mid 3 \mid 0)$; g: $\vec{x} = \begin{pmatrix} 2 \\ 1 \\ 1 \end{pmatrix} + t\begin{pmatrix} 1 \\ -1 \\ 0 \end{pmatrix}$; $t \in \mathbb{R}$ b) $P(0 \mid 0 \mid 0)$; g: $\vec{x} = \begin{pmatrix} 3 \\ 2 \\ 0 \end{pmatrix} + t\begin{pmatrix} 2 \\ -1 \\ 1 \end{pmatrix}$; $t \in \mathbb{R}$

c) $P(2 \mid -3 \mid -1)$; g: $\vec{x} = \begin{pmatrix} 2 \\ -5 \\ 7 \end{pmatrix} + t\begin{pmatrix} 2 \\ -1 \\ 2 \end{pmatrix}$; $t \in \mathbb{R}$ d) $P(9 \mid 0 \mid 17)$; g: $\vec{x} = \begin{pmatrix} -4 \\ 5 \\ 8 \end{pmatrix} + t\begin{pmatrix} 0 \\ 1 \\ 0 \end{pmatrix}$; $t \in \mathbb{R}$

2 Berechnen Sie den Abstand der parallelen Geraden g und h.

a) g: $\vec{x} = \begin{pmatrix} 8 \\ 1 \\ 2 \end{pmatrix} + r\begin{pmatrix} 1 \\ 0 \\ 1 \end{pmatrix}$; $r \in \mathbb{R}$ h: $\vec{x} = \begin{pmatrix} 2 \\ 5 \\ 3 \end{pmatrix} + s\begin{pmatrix} 1 \\ 0 \\ 1 \end{pmatrix}$; $s \in \mathbb{R}$

b) g: $\vec{x} = \begin{pmatrix} 1 \\ -2 \\ 5,5 \end{pmatrix} + r\begin{pmatrix} -3 \\ -1 \\ 2 \end{pmatrix}$; $r \in \mathbb{R}$ h: $\vec{x} = \begin{pmatrix} 2 \\ 4 \\ 3 \end{pmatrix} + s\begin{pmatrix} 3 \\ 1 \\ -2 \end{pmatrix}$; $s \in \mathbb{R}$

3 Die Gerade g verläuft durch die Punkte A und B. Bestimmen Sie den Punkt F auf g so, dass
der Vektor $\overrightarrow{FP}$ senkrecht auf g steht.
Der Punkt F heißt Lotfußpunkt.
Berechnen Sie die kleinste Entfernung des Punktes P von g.

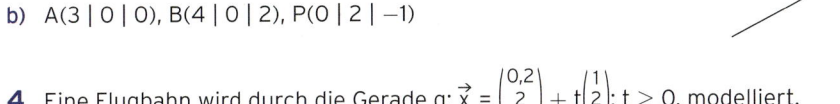

a) $A(3 \mid 5 \mid 4)$, $B(1 \mid 3 \mid 4)$, $P(2 \mid 0 \mid 3)$
b) $A(3 \mid 0 \mid 0)$, $B(4 \mid 0 \mid 2)$, $P(0 \mid 2 \mid -1)$

4 Eine Flugbahn wird durch die Gerade g: $\vec{x} = \begin{pmatrix} 0,2 \\ 2 \\ 0 \end{pmatrix} + t\begin{pmatrix} 1 \\ 2 \\ 1 \end{pmatrix}$; $t \geq 0$, modelliert.

Der Punkt $P(2 \mid 3 \mid 0,4)$ beschreibt die Spitze eines Berges (Angaben im km). Ein Flugzeug
muss einen Sicherheitsabstand von mindestens 1100 m einhalten. Überprüfen Sie, ob
dieser Abstand eingehalten wird. Eine zu g parallele Flugbahn h hat von P den doppelten
Abstand wie g von P. Geben Sie die Gleichung von h an.

5 Eine Radarstation mit einer Reichweite von 40 km
befindet sich im Punkt $R(-9 \mid 100 \mid 1)$.
Ein Flugzeug fliegt geradlinig von $A(6 \mid 5 \mid 4)$
nach $B(3 \mid 9 \mid 4)$ (Angaben in km).
Wird das Flugzug vom Radar erfasst?
Begründen Sie Ihre Antwort.

7.4 Abstand windschiefer Geraden

Für die windschiefen Geraden g und h gibt es
eine Ebene E, in der die Gerade g liegt und die
parallel zur Geraden h ist. Der Abstand eines
beliebigen Punktes Q auf h von der Ebene E ist
der gesuchte Abstand der Geraden g und h.
Diesen Abstand berechnet man mit der Ab-
standsformel:

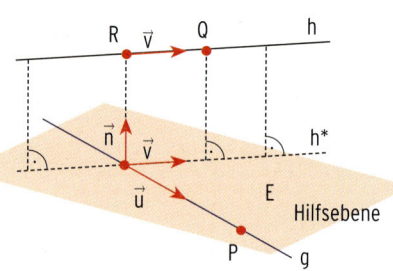

$$d = \left| \frac{(\vec{q} - \vec{p}) \cdot \vec{n}}{|\vec{n}|} \right| \text{ (vgl. Seite 101)}$$

Dabei ist

$\vec{p}$: Ortsvektor des Geradenpunktes P auf g, z.B. der Stützvektor von g,
$\vec{q}$: Ortsvektor des Geradenpunktes Q auf h, z.B. der Stützvektor von h,
$\vec{n}$: Normalenvektor, der senkrecht auf den Richtungsvektoren $\vec{u}$ von g und $\vec{v}$ von h steht.

Beispiel

⮑ Die Geraden g und h verlaufen windschief. Berechnen Sie den Abstand von g und h mit

$$g: \vec{x} = \begin{pmatrix} -4 \\ 2 \\ 1 \end{pmatrix} + r\begin{pmatrix} 2 \\ -3 \\ 4 \end{pmatrix}; r \in \mathbb{R} \text{ und } h: \vec{x} = \begin{pmatrix} 5 \\ 3 \\ -3 \end{pmatrix} + s\begin{pmatrix} 1 \\ -1 \\ 3 \end{pmatrix}; s \in \mathbb{R}.$$

Lösung

Mit dem Vektorprodukt $\vec{n} = \vec{u} \times \vec{v}$ erhält man
einen Normalenvektor $\vec{n}$, der zu $\vec{u}$ und $\vec{v}$
senkrecht steht.

$$\vec{n} = \vec{u} \times \vec{v} = \begin{pmatrix} 2 \\ -3 \\ 4 \end{pmatrix} \cdot \begin{pmatrix} 1 \\ -1 \\ 3 \end{pmatrix} = \begin{pmatrix} -5 \\ -2 \\ 1 \end{pmatrix}$$

Betrag des Normalenvektors $\vec{n}$:

$$|\vec{n}| = \sqrt{25 + 4 + 1} = \sqrt{30}$$

$\vec{p}$ und $\vec{q}$ festlegen:

$$\vec{p} = \begin{pmatrix} -4 \\ 2 \\ 1 \end{pmatrix}; \vec{q} = \begin{pmatrix} 5 \\ 3 \\ -3 \end{pmatrix}$$

$$\vec{q} - \vec{p} = \begin{pmatrix} 5 \\ 3 \\ -3 \end{pmatrix} - \begin{pmatrix} -4 \\ 2 \\ 1 \end{pmatrix} = \begin{pmatrix} 9 \\ 1 \\ -4 \end{pmatrix}$$

$$(\vec{q} - \vec{p}) \cdot \vec{n} = \begin{pmatrix} 9 \\ 1 \\ -4 \end{pmatrix} \cdot \begin{pmatrix} -5 \\ -2 \\ 1 \end{pmatrix} = -51$$

Abstandsformel: $d = \left| \frac{(\vec{q} - \vec{p}) \cdot \vec{n}}{|\vec{n}|} \right|$

$$d = \left| \frac{-51}{\sqrt{30}} \right| = \frac{51}{\sqrt{30}} = 9,31$$

Beachten Sie:

Gegeben sind die **windschiefen Geraden** g: $\vec{x} = \vec{p} + r\vec{u}$; $r \in \mathbb{R}$ und h: $\vec{x} = \vec{q} + s\vec{v}$; $s \in \mathbb{R}$.
Den **Abstand d** der Geraden g und h berechnet man mit der Formel:

$$d = \left| \frac{(\vec{q} - \vec{p}) \cdot \vec{n}}{|\vec{n}|} \right|$$

$\vec{n}$ ist ein Normalenvektor zu den Richtungsvektoren $\vec{u}$ und $\vec{v}$, z.B. $\vec{n} = \vec{u} \times \vec{v}$.

Aufgaben

a)

1 Berechnen Sie den Abstand der windschiefen Geraden g und h.

a) $g: \vec{x} = \begin{pmatrix} 1 \\ 2 \\ 0 \end{pmatrix} + r\begin{pmatrix} -3 \\ 2 \\ 1 \end{pmatrix}; r \in \mathbb{R}; \; h: \vec{x} = \begin{pmatrix} -2 \\ 3 \\ 1 \end{pmatrix} + s\begin{pmatrix} 1 \\ -2 \\ 1 \end{pmatrix}; s \in \mathbb{R}$

b) $g: \vec{x} = r\begin{pmatrix} 2 \\ 1 \\ 5 \end{pmatrix}; r \in \mathbb{R}; \; h: \vec{x} = \begin{pmatrix} 2 \\ -5 \\ 1 \end{pmatrix} + s\begin{pmatrix} -3 \\ 2 \\ 1 \end{pmatrix}; s \in \mathbb{R}$

c) $g: \vec{x} = \begin{pmatrix} 2 \\ -1 \\ 3 \end{pmatrix} + r\begin{pmatrix} 1 \\ 1 \\ 1 \end{pmatrix}; r \in \mathbb{R}; \; h: \vec{x} = \begin{pmatrix} 3 \\ 1 \\ 2 \end{pmatrix} + s\begin{pmatrix} 0 \\ -3 \\ 1 \end{pmatrix}; s \in \mathbb{R}$

d) $g: \vec{x} = \begin{pmatrix} 0 \\ 2 \\ 1 \end{pmatrix} + r\begin{pmatrix} -2 \\ -4 \\ 5 \end{pmatrix}; r \in \mathbb{R}; \; h: \vec{x} = \begin{pmatrix} 1 \\ -2 \\ 6 \end{pmatrix} + s\begin{pmatrix} 0 \\ 0 \\ 1 \end{pmatrix}; s \in \mathbb{R}$

2 Berechnen Sie den Abstand

a) der Punkte P(3 | −2 | 5) und Q(5 | −1 | −3).

b) des Punktes A(0 | 4 | −1) von der Ebene E: $\left(\vec{x} - \begin{pmatrix} 6 \\ -1 \\ 3 \end{pmatrix} \right) \cdot \begin{pmatrix} -2 \\ 1 \\ 4 \end{pmatrix} = 0.$

c) der parallelen Ebenen E: $3x_1 - 2x_2 + x_3 = 5$ und F: $\left(\vec{x} - \begin{pmatrix} 1 \\ 0 \\ 0 \end{pmatrix} \right) \cdot \begin{pmatrix} 3 \\ -2 \\ 1 \end{pmatrix} = 0.$

d) des Punktes P(−3 | 2 | 0) von der Geraden g: $\vec{x} = \begin{pmatrix} 2 \\ -2 \\ 3 \end{pmatrix} + r\begin{pmatrix} -1 \\ 0 \\ 1 \end{pmatrix}; r \in \mathbb{R}.$

e) der parallelen Geraden g: $\vec{x} = \begin{pmatrix} 0 \\ -2 \\ -1 \end{pmatrix} + r\begin{pmatrix} -1 \\ 3 \\ 1 \end{pmatrix}; r \in \mathbb{R}$ und h: $\vec{x} = \begin{pmatrix} 1 \\ -2 \\ 0 \end{pmatrix} + s\begin{pmatrix} 1 \\ -3 \\ -1 \end{pmatrix}; s \in \mathbb{R}.$

f) der windschiefen Geraden g mit g: $\vec{x} = r\begin{pmatrix} 2 \\ 3 \\ -1 \end{pmatrix}; r \in \mathbb{R}$ und h mit h: $\vec{x} = \begin{pmatrix} -1 \\ -2 \\ 0 \end{pmatrix} + s\begin{pmatrix} 0 \\ 3 \\ 4 \end{pmatrix}; s \in \mathbb{R}.$

3 Gegeben sind die windschiefen Geraden g und h durch g: $\vec{x} = \begin{pmatrix} -5 \\ 0 \\ 3 \end{pmatrix} + r\begin{pmatrix} -3 \\ -2 \\ 2 \end{pmatrix}; r \in \mathbb{R}$ und

h: $\vec{x} = \begin{pmatrix} 2 \\ 0 \\ 2 \end{pmatrix} + s\begin{pmatrix} -2 \\ -2 \\ 1 \end{pmatrix}; s \in \mathbb{R}.$ Welcher Punkt auf g hat von h die kleinste Entfernung?

4 In der Ebene E mit der Gleichung $x_1 + x_2 + 12x_3 = 330$ fliegt ein Schwarm Zugvögel. Ein Flugzeug fliegt entlang der

Geraden g: $\vec{x} = \begin{pmatrix} 50 \\ 75 \\ 25 \end{pmatrix} + r\begin{pmatrix} -2 \\ -4 \\ 0,5 \end{pmatrix}; r \in \mathbb{R}, 1 \text{ LE} \triangleq 10 \text{ m}.$

Weisen Sie nach, dass das Flugzeug nicht auf den Vogelschwarm treffen kann. Berechnen Sie den Abstand, den die Flugbahn des Flugzeugs von der Flugebene der Zugvögel hat.

Was man wissen sollte – über Abstände

Abstand d

- **zwischen den Punkten A(a_1 | a_2 | a_3) und B(b_1 | b_2 | b_3):**

$$d = \left| \overrightarrow{AB} \right| = \left\| \begin{matrix} b_1 - a_1 \\ b_2 - a_2 \\ b_3 - a_3 \end{matrix} \right\| = \sqrt{(b_1 - a_1)^2 + (b_2 - a_2)^2 + (b_3 - a_3)^2}$$

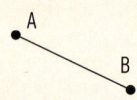

- **eines Punktes A(a_1 | a_2 | a_3) von der Ebene E:**

Für E: $(\vec{x} - \vec{p}) \cdot \vec{n} = 0$: $\qquad d = \left| \dfrac{(\vec{a} - \vec{p}) \cdot \vec{n}}{|\vec{n}|} \right|$

Für E: $n_1 x_1 + n_2 x_2 + n_3 x_3 - b = 0$: $\quad d = \left| \dfrac{n_1 a_1 + n_2 a_2 + n_3 a_3 - b}{\sqrt{n_1^2 + n_2^2 + n_3^2}} \right|$

- **einer Geraden g von der Ebene E (g verläuft parallel zu E):**
  Einen Punkt A auf der Geraden g wählen und den
  Abstand des Punktes A von der Ebene E bestimmen.

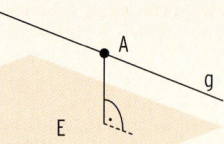

- **zweier paralleler Ebenen E und F:**
  Einen Punkt A auf der Ebene F wählen und den Abstand des Punktes A von der Ebene E bestimmen.

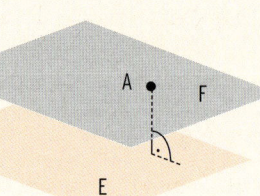

- **eines Punktes P von der Geraden g:**
  Mithilfe des Skalarprodukts $\overrightarrow{PQ} \cdot \vec{u} = 0$ oder einer Hilfsebene den Punkt auf der Geraden g bestimmen, der die
  kleinste Entfernung von P hat.

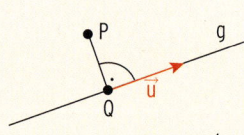

- **zweier paralleler Geraden g und h:**
  Einen Punkt P auf der Geraden h wählen und den Abstand
  des Punktes P von der Geraden g bestimmen.

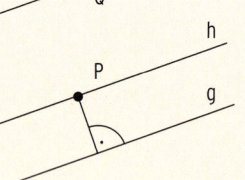

- **zweier windschiefer Geraden g und h:**
  $\vec{u}, \vec{v}$ sind die Richtungsvektoren von g, h; $\vec{n} = \vec{u} \times \vec{v}$.
  P ist ein Punkt auf g, Q ein Punkt auf h.

  Mit $\vec{p} = \overrightarrow{OP}$ und $\vec{q} = \overrightarrow{OQ}$ erhält man $d = \left| \dfrac{(\vec{q} - \vec{p}) \cdot \vec{n}}{|\vec{n}|} \right|$.

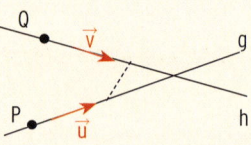

8 Winkelberechnungen

Schnittwinkel Gerade–Gerade

Den Winkel zwischen zwei Vektoren berechnet man
mithilfe des Skalarprodukts:

$$\cos(\alpha) = \frac{\vec{u} \cdot \vec{v}}{|\vec{u}| \cdot |\vec{v}|}$$

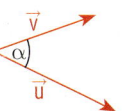

Unter dem Schnittwinkel zweier sich schneidender Geraden
versteht man den Winkel α ($0 \leq \alpha \leq 90°$) zwischen den
Richtungsvektoren der Geraden.

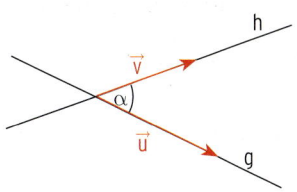

$$\cos(\alpha) = \frac{|\vec{u} \cdot \vec{v}|}{|\vec{u}| \cdot |\vec{v}|}$$

Hinweis: Mit dem Betrag von $\vec{u} \cdot \vec{v}$ ist $\cos(\alpha) \geq 0$ und damit $0 \leq \alpha \leq 90°$.

Beispiel

➲ Gegeben sind die sich schneidenden Geraden

$g: \vec{x} = \begin{pmatrix} 1 \\ -3 \\ 1 \end{pmatrix} + r \begin{pmatrix} -2 \\ 3 \\ -1 \end{pmatrix}; r \in \mathbb{R}$ und $h: \vec{x} = \begin{pmatrix} 5 \\ -9 \\ 3 \end{pmatrix} + s \begin{pmatrix} 1 \\ -1 \\ 2 \end{pmatrix}; s \in \mathbb{R}.$

Berechnen Sie die Größe des Schnittwinkels.

Lösung

Richtungsvektoren:
$$\vec{u} = \begin{pmatrix} -2 \\ 3 \\ -1 \end{pmatrix}; \ \vec{v} = \begin{pmatrix} 1 \\ -1 \\ 2 \end{pmatrix}$$

Beträge der Richtungsvektoren:
$$|\vec{u}| = \left\| \begin{pmatrix} -2 \\ 3 \\ -1 \end{pmatrix} \right\| = \sqrt{(-2)^2 + 3^2 + (-1)^2} = \sqrt{14}$$

$$|\vec{v}| = \left\| \begin{pmatrix} 1 \\ -1 \\ 2 \end{pmatrix} \right\| = \sqrt{1^2 + (-1)^2 + 2^2} = \sqrt{6}$$

Winkelberechnung:
$$\cos(\alpha) = \frac{|\vec{u} \cdot \vec{v}|}{|\vec{u}| \cdot |\vec{v}|} = \frac{\left| \begin{pmatrix} -2 \\ 3 \\ -1 \end{pmatrix} \cdot \begin{pmatrix} 1 \\ -1 \\ 2 \end{pmatrix} \right|}{\left\| \begin{pmatrix} -2 \\ 3 \\ -1 \end{pmatrix} \right\| \cdot \left\| \begin{pmatrix} 1 \\ -1 \\ 2 \end{pmatrix} \right\|}$$

$$\cos(\alpha) = \frac{|-7|}{\sqrt{14} \cdot \sqrt{6}} = \frac{7}{\sqrt{14} \cdot \sqrt{6}} = 0{,}764$$

$$\alpha = 40{,}2°$$

Der Schnittwinkel beträgt $\alpha = 40{,}2°$.

Schnittwinkel Gerade-Ebene

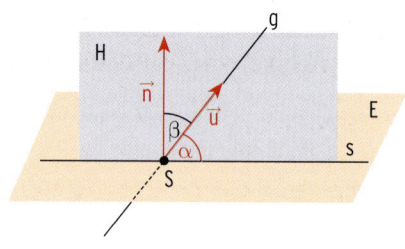

Die Gerade g schneidet die Ebene E in S unter einem Winkel α. Man denkt sich eine Ebene H, die g enthält und senkrecht auf E steht. Die Gerade s ist dann die Schnittgerade von E und H.
Der Schnittwinkel α von g und E ist der Winkel zwischen g und s.
Der Winkel β ist der Winkel zwischen dem Richtungsvektor $\vec{u}$ und dem Normalenvektor $\vec{n}$.

$$\cos(\beta) = \frac{|\vec{u} \cdot \vec{n}|}{|\vec{u}| \cdot |\vec{n}|}$$

Mit $\cos(\beta) = \cos(90° - \alpha) = \sin(\alpha)$ erhält man: $$\sin(\alpha) = \frac{|\vec{u} \cdot \vec{n}|}{|\vec{u}| \cdot |\vec{n}|}$$

Beispiel

➥ Berechnen Sie die Größe des Winkels zwischen g und E.

$$g: \vec{x} = \begin{pmatrix} 16 \\ 0 \\ 0 \end{pmatrix} + r \begin{pmatrix} 4 \\ -1 \\ 5 \end{pmatrix}; r \in \mathbb{R} \text{ und } E: \left(\vec{x} - \begin{pmatrix} 2 \\ 1 \\ 0 \end{pmatrix} \right) \cdot \begin{pmatrix} -2 \\ 4 \\ -3 \end{pmatrix} = 0.$$

Lösung

Winkelberechnung:
$$\sin(\alpha) = \frac{|\vec{u} \cdot \vec{n}|}{|\vec{u}| \cdot |\vec{n}|} = \frac{\left| \begin{pmatrix} 4 \\ -1 \\ 5 \end{pmatrix} \cdot \begin{pmatrix} -2 \\ 4 \\ -3 \end{pmatrix} \right|}{\left| \begin{pmatrix} 4 \\ -1 \\ 5 \end{pmatrix} \right| \cdot \left| \begin{pmatrix} -2 \\ 4 \\ -3 \end{pmatrix} \right|}$$

$$\sin(\alpha) = \frac{|-27|}{\sqrt{42} \cdot \sqrt{29}} = 0,774$$

Schnittwinkel: $\alpha = 50,7°$

Schnittwinkel Ebene-Ebene

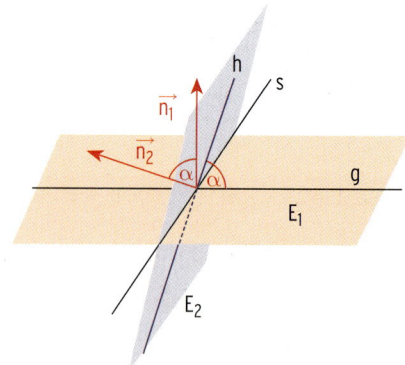

Der Schnittwinkel α zweier Ebenen E_1 und E_2 ist der Schnittwinkel α der Geraden g und h, die in E_1 bzw. E_2 liegen und senkrecht auf der Schnittgeraden s von E_1 und E_2 stehen.
Dieser Winkel ist gleich groß wie der Winkel zwischen den Normalenvektoren $\vec{n}_1$ und $\vec{n}_2$ der Ebenen E_1 und E_2.

$$\cos(\alpha) = \frac{|\vec{n}_1 \cdot \vec{n}_2|}{|\vec{n}_1| \cdot |\vec{n}_2|}$$

Beispiel

⮕ Die Ebenen E_1 und E_2 sind gegeben durch E_1: $4x_1 - 2x_2 - 5x_3 = 4$ und
E_2: $2x_1 + 3x_2 + 2x_3 = 2$. Bestimmen Sie die Größe des Schnittwinkels.

Lösung

Winkelberechnung:
$$\cos(\alpha) = \frac{|\vec{n}_1 \cdot \vec{n}_2|}{|\vec{n}_1| \cdot |\vec{n}_2|} = \frac{\left|\begin{pmatrix} 4 \\ -2 \\ -5 \end{pmatrix} \cdot \begin{pmatrix} 2 \\ 3 \\ 2 \end{pmatrix}\right|}{\left|\begin{pmatrix} 4 \\ -2 \\ -5 \end{pmatrix}\right| \cdot \left|\begin{pmatrix} 2 \\ 3 \\ 2 \end{pmatrix}\right|} = \frac{|-8|}{\sqrt{45} \cdot \sqrt{17}} = 0{,}289$$

Schnittwinkel: $\alpha = 73{,}2°$

Beachten Sie:

$\vec{u}, \vec{v}$ sind die Richtungsvektoren der Geraden g, h.

$\vec{n}, \vec{n}_1, \vec{n}_2$ sind die Normalenvektoren der Ebenen E, E_1, E_2.

Berechnung des **Schnittwinkels α**

- der Geraden g und h: $\cos(\alpha) = \dfrac{|\vec{u} \cdot \vec{v}|}{|\vec{u}| \cdot |\vec{v}|}$

- der Geraden g und der Ebene E: $\sin(\alpha) = \dfrac{|\vec{u} \cdot \vec{n}|}{|\vec{u}| \cdot |\vec{n}|}$

- der Ebenen E_1 und E_2: $\cos(\alpha) = \dfrac{|\vec{n}_1 \cdot \vec{n}_2|}{|\vec{n}_1| \cdot |\vec{n}_2|}$

Aufgaben

a)

1 Gegeben sind die Geraden g und h, die sich schneiden.
Bestimmen Sie die Größe des Schnittwinkels.

a) g: $\vec{x} = \begin{pmatrix} 1 \\ 0 \\ 2 \end{pmatrix} + r\begin{pmatrix} 2 \\ -1 \\ 3 \end{pmatrix}$; $r \in \mathbb{R}$ h: $\vec{x} = \begin{pmatrix} 5 \\ -2 \\ 8 \end{pmatrix} + s\begin{pmatrix} 1 \\ 0 \\ 3 \end{pmatrix}$; $s \in \mathbb{R}$

b) g: $\vec{x} = r\begin{pmatrix} 3 \\ 3 \\ 1 \end{pmatrix}$; $r \in \mathbb{R}$ h: $\vec{x} = \begin{pmatrix} -6 \\ -6 \\ -2 \end{pmatrix} + s\begin{pmatrix} 0 \\ 2 \\ 1 \end{pmatrix}$; $s \in \mathbb{R}$

a) f)

2 Die Gerade g wird beschrieben durch die Gleichung g: $\vec{x} = \begin{pmatrix} 1 \\ -4 \\ 2 \end{pmatrix} + r\begin{pmatrix} 1 \\ 3 \\ -1 \end{pmatrix}$; $r \in \mathbb{R}$.

Bestimmen Sie die Größe des Winkels zwischen der Geraden g und der Ebene E.

a) E: $2x_1 - 3x_2 + 5x_3 = 6$ b) E: $x_1 + x_2 + x_3 = 2$

c) E: $5x_1 + x_2 = 4$ d) E: $\left(\vec{x} - \begin{pmatrix} 1 \\ 3 \\ 1 \end{pmatrix}\right) \cdot \begin{pmatrix} 1 \\ -5 \\ 2 \end{pmatrix} = 0$

e) E: $\vec{x} \cdot \begin{pmatrix} -3 \\ -1 \\ 1 \end{pmatrix} = 0$ f) E: $\vec{x} = \begin{pmatrix} 1 \\ 1 \\ 3 \end{pmatrix} + r\begin{pmatrix} -1 \\ 2 \\ 1 \end{pmatrix} + s\begin{pmatrix} 1 \\ 2 \\ 0 \end{pmatrix}$; $r, s \in \mathbb{R}$

a)

3 Bestimmen Sie die Größe des Winkels zwischen den Ebenen E_1 und E_2.

a) E_1: $-x_1 - 2x_2 + 2x_3 = 10$ E_2: $3x_1 + x_2 + 2x_3 = 17$

b) E_1: $x_1 - 3x_2 - 2x_3 = 6$ E_2: $\left(\vec{x} - \begin{pmatrix} 1 \\ 0 \\ -1 \end{pmatrix}\right) \cdot \begin{pmatrix} 2 \\ -1 \\ 1 \end{pmatrix} = 0$

c) E_1: $\left(\vec{x} - \begin{pmatrix} 5 \\ 0 \\ 0 \end{pmatrix}\right) \cdot \begin{pmatrix} 4 \\ 2 \\ -1 \end{pmatrix} = 0$ E_2: $\left(\vec{x} - \begin{pmatrix} 7 \\ 0 \\ 7 \end{pmatrix}\right) \cdot \begin{pmatrix} 0 \\ -3 \\ 3 \end{pmatrix} = 0$

d) E_1: $2x_1 - 2x_3 = 5$ E_2: $x_1 + x_2 + 2x_3 = 3$

e) E_1: $\vec{x} = r\begin{pmatrix} 1 \\ 2 \\ -2 \end{pmatrix} + s\begin{pmatrix} -2 \\ 1 \\ 0 \end{pmatrix}$; $r, s \in \mathbb{R}$ E_2: $\vec{x} = \begin{pmatrix} 1 \\ 0 \\ 17 \end{pmatrix} + u\begin{pmatrix} 0 \\ 1 \\ 1 \end{pmatrix} + v\begin{pmatrix} 2 \\ 0 \\ 1 \end{pmatrix}$; $u, v \in \mathbb{R}$

4 Berechnen Sie die Größe des Winkels zwischen der Geraden g: $\vec{x} = \begin{pmatrix} 0 \\ 8 \\ 2 \end{pmatrix} + r\begin{pmatrix} 3 \\ 1 \\ 3 \end{pmatrix}$; $r \in \mathbb{R}$ und der x_1x_2-Ebene.

5 Wie groß ist der Winkel zwischen der x_2-Achse und der Ebene E: $-x_1 + 2x_2 - x_3 = 5$?

6 Bestimmen Sie den Winkel zwischen der x_1-Achse und der Geraden
g: $\vec{x} = \begin{pmatrix} 3 \\ 0 \\ 0 \end{pmatrix} + r\begin{pmatrix} 1 \\ -2 \\ 1 \end{pmatrix}$; $r \in \mathbb{R}$.

7 Die Abbildung zeigt eine Dreieckspyramide mit den Eckpunkten O, A, B und C. Die Ebene E geht durch die Punke A, B und C.

a) Zeigen Sie: Die Gleichung der Ebene E lautet: $5x_1 + 10x_2 + 4x_3 = 20$.

b) Berechnen Sie den Winkel zwischen den Kanten $\overline{AB}$ und $\overline{BC}$.

c) Bestimmen Sie den Winkel zwischen der Dreiecksfläche ABC und der x_2x_3-Ebene.

d) Die Gerade g verläuft durch den Ursprung und den Punkt D(2 | 2 | 8). Wie groß ist der Winkel zwischen g und E? Berechnen Sie den Durchstoßpunkt F von g und E.

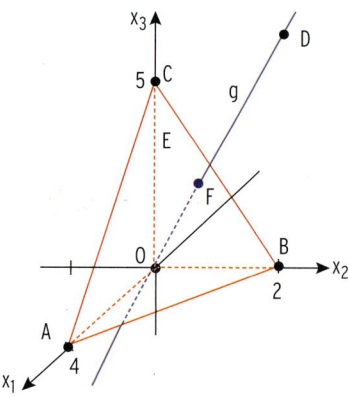

8 Ein Adler fliegt von A(42 | 5 | 38) aus geradlinig in Richtung $\begin{pmatrix} 2 \\ -3 \\ -6 \end{pmatrix}$. In der Ebene E mit der Gleichung $x_1 + x_2 + 15x_3 = 300$ fliegt ein Schwarm Vögel. Unter welchem Winkel durchfliegt der Adler die Ebene E?

9 Flächen- und Volumenberechnungen an Objekten im Raum

9.1 Flächenberechnung

Man kann zeigen, dass für den Betrag des Vektorprodukts von $\vec{a}$ und $\vec{b}$ gilt: $|\vec{a} \times \vec{b}| = |\vec{a}| \cdot |\vec{b}| \cdot \sin(\alpha)$.
α ist der Winkel zwischen den Vektoren $\vec{a}$ und $\vec{b}$.
Somit ergibt sich: $|\vec{a} \times \vec{b}| = |\vec{a}| \cdot |\vec{b}| \cdot \sin(\alpha) = |\vec{a}| \cdot h$.
Dies ist der Flächeninhalt des von $\vec{a}$ und $\vec{b}$ aufgespannten Parallelogramms.

Mit dem **Vektorprodukt** lassen sich **Flächeninhalte** berechnen.

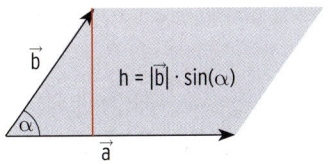

Beachten Sie:

Spannen zwei Vektoren $\vec{a}$ und $\vec{b}$ ein **Parallelogramm** auf, so gilt für dessen Flächeninhalt $A = |\vec{a} \times \vec{b}|$.

Für den Flächeninhalt des von den Vektoren $\vec{a}$ und $\vec{b}$ aufgespannten **Dreiecks** gilt: $A = \frac{1}{2} \cdot |\vec{a} \times \vec{b}|$.

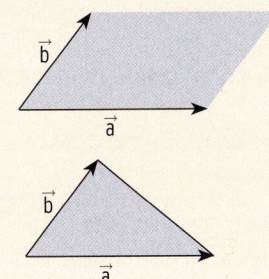

Beispiel

➲ Die Vektoren $\vec{a} = \begin{pmatrix} 1 \\ 2 \\ -3 \end{pmatrix}$ und $\vec{b} = \begin{pmatrix} -3 \\ -4 \\ 5 \end{pmatrix}$ spannen ein Parallelogramm auf.

Berechnen Sie dessen Flächeninhalt.

Lösung

$$A = |\vec{a} \times \vec{b}| = \left| \begin{pmatrix} 1 \\ 2 \\ -3 \end{pmatrix} \times \begin{pmatrix} -3 \\ -4 \\ 5 \end{pmatrix} \right| = \left| \begin{pmatrix} -2 \\ 4 \\ 2 \end{pmatrix} \right| = \sqrt{(-2)^2 + 4^2 + 2^2} = \sqrt{24} = 4{,}90$$

Beispiel

➲ Berechnen Sie den Flächeninhalt des Dreiecks mit den Eckpunkten A(−3 | −5 | 6), B(2 | 4 | 4) und C(3 | −3 | 6).

Lösung

$$\overrightarrow{AB} = \overrightarrow{OB} - \overrightarrow{OA} = \begin{pmatrix} 2 \\ 4 \\ 4 \end{pmatrix} - \begin{pmatrix} -3 \\ -5 \\ 6 \end{pmatrix} = \begin{pmatrix} 5 \\ 9 \\ -2 \end{pmatrix} \qquad \overrightarrow{AC} = \overrightarrow{OC} - \overrightarrow{OA} = \begin{pmatrix} 3 \\ -3 \\ 6 \end{pmatrix} - \begin{pmatrix} -3 \\ -5 \\ 6 \end{pmatrix} = \begin{pmatrix} 6 \\ 2 \\ 0 \end{pmatrix}$$

$$A = \frac{1}{2} \cdot |\overrightarrow{AB} \times \overrightarrow{AC}| = \frac{1}{2} \cdot \left| \begin{pmatrix} 5 \\ 9 \\ -2 \end{pmatrix} \times \begin{pmatrix} 6 \\ 2 \\ 0 \end{pmatrix} \right| = \frac{1}{2} \cdot \left| \begin{pmatrix} 4 \\ -12 \\ -44 \end{pmatrix} \right| = \frac{1}{2} \cdot \sqrt{2096} = 22{,}89$$

8 Ott, Bohner, Deusch - ISBN 978-3-8120-0638-5

Aufgaben

1 Berechnen Sie den Flächeninhalt des Parallelogramms, das von den Vektoren $\vec{a}$ und $\vec{b}$ aufgespannt wird.

a) $\vec{a} = \begin{pmatrix} 4 \\ -2 \\ 3 \end{pmatrix}$; $\vec{b} = \begin{pmatrix} 5 \\ 7 \\ -2 \end{pmatrix}$ **b)** $\vec{a} = \begin{pmatrix} 7 \\ 0 \\ -1 \end{pmatrix}$; $\vec{b} = \begin{pmatrix} 1 \\ 3 \\ 2 \end{pmatrix}$ **c)** $\vec{a} = \begin{pmatrix} 1 \\ 2 \\ -3 \end{pmatrix}$; $\vec{b} = \begin{pmatrix} 1 \\ -5 \\ 4 \end{pmatrix}$

2 Berechnen Sie den Flächeninhalt des Dreiecks ABC.

a) A(2 | 3 | 5), B(1 | 5 | 2), C(4 | 6 | 7)   **b)** A(−3 | −2 | −3), B(−2 | 1 | 1), C(3 | 2 | 2)

3 Gegeben sind die Punkte A(3 | 0 | 0), B(4 | 3 | 1), C(2 | 5 | 3) und D(1 | 2 | 2).

a) Zeigen Sie, dass das Viereck ABCD ein Parallelogramm ist.

b) Berechnen Sie den Flächeninhalt des Parallelogramms ABCD.

9.2 Volumenberechnung

Volumen eines Spats

Volumeninhalt eines „schiefen Prismas", eines Spats: Bei einem Spat sind die gegenüberliegenden Seitenflächen deckungsgleiche Parallelogramme.

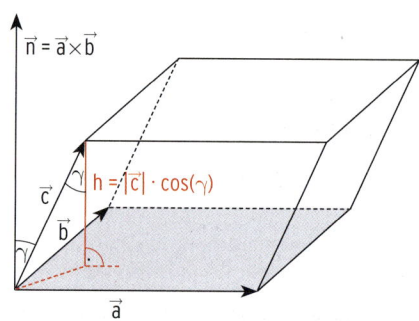

Volumeninhalt eines Prismas: $\qquad\qquad V = G \cdot h$

Mit dem Inhalt der Grundfläche $G = \left| \vec{a} \times \vec{b} \right|$ erhält man: $\quad V = \left| \vec{a} \times \vec{b} \right| \cdot h$

Mit $h = \left| \vec{c} \right| \cdot \cos(\gamma)$: $\qquad\qquad V = \left| \vec{a} \times \vec{b} \right| \cdot \left| \vec{c} \right| \cdot \cos(\gamma)$

Das Skalarprodukt $(\vec{a} \times \vec{b}) \cdot \vec{c} = \left| \vec{a} \times \vec{b} \right| \cdot \left| \vec{c} \right| \cdot \cos(\gamma)$

und $V \geq 0$ führen auf: $\qquad\qquad V = \left| (\vec{a} \times \vec{b}) \cdot \vec{c} \right|$

Beachten Sie:

Der von den Vektoren $\vec{a}$, $\vec{b}$ und $\vec{c}$ aufgespannte **Spat** hat das **Volumen**

$$V = \left| (\vec{a} \times \vec{b}) \cdot \vec{c} \right|$$

Hinweis: Diese Formel steht nicht in der Merkhilfe.

Volumen einer Pyramide

Grundfläche ist ein Parallelogramm

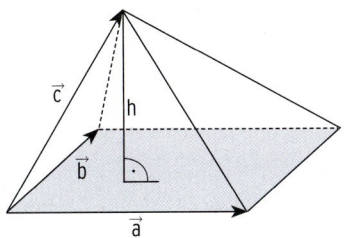

Grundfläche ist ein Dreieck

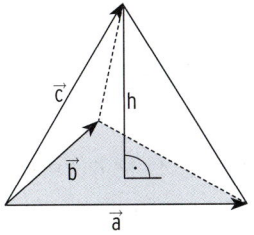

$V = \frac{1}{3} \cdot G \cdot h$

$V = \frac{1}{3} \cdot \left| (\vec{a} \times \vec{b}) \cdot \vec{c} \right|$

$V = \frac{1}{3} \cdot G \cdot h = \frac{1}{3} \cdot \frac{1}{2} \cdot \left| (\vec{a} \times \vec{b}) \cdot \vec{c} \right|$

$V = \frac{1}{6} \cdot \left| (\vec{a} \times \vec{b}) \cdot \vec{c} \right|$

Beispiel

➲ Gegeben sind die Vektoren $\vec{a} = \begin{pmatrix} -2 \\ 4 \\ 5 \end{pmatrix}$, $\vec{b} = \begin{pmatrix} 3 \\ 4 \\ 3 \end{pmatrix}$ und $\vec{c} = \begin{pmatrix} -1 \\ 0 \\ 6 \end{pmatrix}$.

Wie groß ist das Volumen der von den Vektoren $\vec{a}$, $\vec{b}$ und $\vec{c}$ aufgespannten dreiseitigen Pyramide?

Lösung

Mit der Formel:

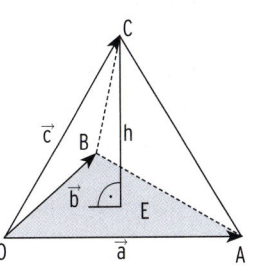

$$V = \frac{1}{6} \cdot \left| (\vec{a} \times \vec{b}) \cdot \vec{c} \right| = \frac{1}{6} \left| \left(\begin{pmatrix} -2 \\ 4 \\ 5 \end{pmatrix} \times \begin{pmatrix} 3 \\ 4 \\ 3 \end{pmatrix} \right) \cdot \begin{pmatrix} -1 \\ 0 \\ 6 \end{pmatrix} \right|$$

$$V = \frac{1}{6} \left| \begin{pmatrix} -8 \\ 21 \\ -20 \end{pmatrix} \cdot \begin{pmatrix} -1 \\ 0 \\ 6 \end{pmatrix} \right| = \frac{1}{6} \cdot |8 - 120| = \frac{1}{6} \cdot 112 = \frac{56}{3}$$

Alternative Berechnung ohne Formel für das Spatvolumen

Die Ebene E verläuft durch die Punke O, A und B.

Die Höhe h ist der Abstand des Punktes C von E.

Normalenvektor von E:

$$\vec{n} = \vec{a} \times \vec{b} = \begin{pmatrix} -2 \\ 4 \\ 5 \end{pmatrix} \times \begin{pmatrix} 3 \\ 4 \\ 3 \end{pmatrix}$$

$$\vec{n} = \begin{pmatrix} -8 \\ 21 \\ -20 \end{pmatrix}; \ |\vec{n}| = \sqrt{905}$$

Abstand des Punktes C von E (mit $\vec{p} = \vec{o}$):

$$d = h = \left| \frac{(\vec{c} - \vec{o}) \cdot \vec{n}}{|\vec{n}|} \right| = \left| \frac{\begin{pmatrix} -1 \\ 0 \\ 6 \end{pmatrix} \cdot \begin{pmatrix} -8 \\ 21 \\ -20 \end{pmatrix}}{\sqrt{905}} \right|$$

$$h = \frac{|-112|}{\sqrt{905}} = \frac{112}{\sqrt{905}}$$

Grundfläche:

$$G = \frac{1}{2} \cdot |\vec{a} \times \vec{b}| = \frac{1}{2} \sqrt{905}$$

Volumeninhalt:

$$V = \frac{1}{3} \cdot G \cdot h = \frac{1}{3} \cdot \frac{1}{2} \cdot \sqrt{905} \cdot \frac{112}{\sqrt{905}} = \frac{56}{3}$$

1 Berechnen Sie das Volumen des von den Vektoren $\vec{a}$, $\vec{b}$ und $\vec{c}$ aufgespannten Spats.

a) $\vec{a} = \begin{pmatrix} 2 \\ 1 \\ -4 \end{pmatrix}$, $\vec{b} = \begin{pmatrix} 1 \\ 1 \\ 1 \end{pmatrix}$, $\vec{c} = \begin{pmatrix} -5 \\ 0 \\ 3 \end{pmatrix}$

b) $\vec{a} = \begin{pmatrix} -7 \\ 0 \\ 3 \end{pmatrix}$, $\vec{b} = \begin{pmatrix} 4 \\ 2 \\ 4 \end{pmatrix}$, $\vec{c} = \begin{pmatrix} 10 \\ 5 \\ 5 \end{pmatrix}$

c) $\vec{a} = \begin{pmatrix} 5 \\ 0 \\ 0 \end{pmatrix}$, $\vec{b} = \begin{pmatrix} 1 \\ 2 \\ -1 \end{pmatrix}$, $\vec{c} = \begin{pmatrix} 0 \\ 2 \\ 4 \end{pmatrix}$

d) $\vec{a} = \begin{pmatrix} 6 \\ 0 \\ 0 \end{pmatrix}$, $\vec{b} = \begin{pmatrix} 0 \\ 4 \\ 0 \end{pmatrix}$, $\vec{c} = \begin{pmatrix} 0 \\ 0 \\ 3 \end{pmatrix}$

2 Berechnen Sie das Volumen der Pyramide mit den Ecken A, B, C und D.

a) A(1 | −2 | 3), B(3 | 4 | 2), C(−3 | 1 | 2), D(2 | 5 | 10)

b) A(0 | 0 | 0), B(7 | 0 | 0), C(0 | 4 | 0), D(2 | 5 | 6)

3 Der Ursprung und die Punkte A(5 | 0 | 0), B(0 | 4 | 0) sind die Eckpunkte der Grundfläche einer Pyramide. Die Spitze liegt auf der x_3-Achse. Berechnen Sie die Koordinaten der Spitze, wenn das Volumen dieser Pyramide 10 ist.
Die Gerade g verläuft durch die Punkte P(2 | −2 | 0) und Q(2 | 14 | 1,2). Beschreiben Sie die besondere Lage von g im Koordinatensystem.
Die Pyramide schneidet aus g eine Strecke aus. Berechnen Sie die Länge dieser Strecke.

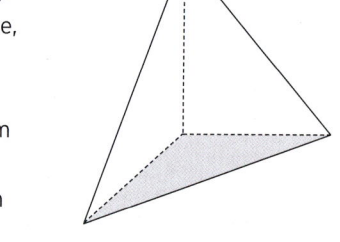

4 Die Punkte A(4 | 2 | 1), B(8 | 6 | 1), C(6 | 8 | 1) und D(2 | 4 | 1) sind die Eckpunkte eines Vierecks. Beschreiben Sie die Lage des Vierecks im Koordinatensystem.
Zeigen Sie, dass das Viereck ABCD ein Rechteck ist.
Die Diagonalen des Rechtecks schneiden sich im „Mittelpunkt" M der Grundfläche. Das Viereck ABCD bildet die Grundfläche einer Pyramide mit dem Volumen 48. Die Pyramidenspitze S(s_1 | s_2 | s_3) mit $s_3 > 0$ befindet sich senkrecht über dem Mittelpunkt der Grundfläche.
Bestimmen Sie die Koordinaten von S.

5 Gegeben sind die Punkte A(0 | 3 | 1), B(3 | −1 | 1), C(6 | $\frac{5}{4}$ | 1) und S(3 | $\frac{17}{8}$ | 5).

a) Zeigen Sie, dass die Punkte A, B und C Eckpunkte eines rechtwinkligen Dreiecks sind, und berechnen Sie den Inhalt der Dreiecksfläche.

b) Bestimmen Sie einen Punkt D, sodass dieser mit A, B, C ein Rechteck bildet. Weisen Sie nach, dass die Punkte A, B, C, D und S eine senkrechte Pyramide festlegen.
Bei einer senkrechten Pyramide liegt die Spitze senkrecht über dem Diagonalenschnittpunkt der Grundfläche. (Nach einer Prüfungsaufgabe)

Test zur Überprüfung Ihrer Grundkenntnisse

1 Berechnen Sie den Abstand der Punkte A und B.

a) A(6 | −2 | −5), B(7 | −1 | −2)   **b)** A(0 | −2 | 0), B(4 | −1 | 0)

2 Bestimmen Sie die kleinste Entfernung des Punktes A von der Ebene E.

a) E: $x_1 - 3x_2 = 6$; A(1 | 2 | −1)   **b)** E: $\left(\vec{x} - \begin{pmatrix} 3 \\ 0 \\ 1 \end{pmatrix} \right) \cdot \begin{pmatrix} -2 \\ -1 \\ 1 \end{pmatrix} = 0$; A(1 | 3 | −2)

3 Die Gerade g und die Ebene E verlaufen parallel.
Welchen Abstand hat g von E?

a) E: $x_1 - 3x_2 + x_3 = 3$; g: $\vec{x} = \begin{pmatrix} 1 \\ 0 \\ 0 \end{pmatrix} + r \begin{pmatrix} 1 \\ 0 \\ -1 \end{pmatrix}$; $r \in \mathbb{R}$

b) E: $\left(\vec{x} - \begin{pmatrix} 1 \\ 0 \\ 0 \end{pmatrix} \right) \cdot \begin{pmatrix} 1 \\ 1 \\ 1 \end{pmatrix} = 0$; g: $\vec{x} = r \begin{pmatrix} 2 \\ -1 \\ -1 \end{pmatrix}$; $r \in \mathbb{R}$

4 Zeigen Sie: Der Abstand des Punktes P(3 | 0 | 1) von der Geraden g mit der Gleichung
$\vec{x} = \begin{pmatrix} 1 \\ 2 \\ 1 \end{pmatrix} + t \begin{pmatrix} -2 \\ 1 \\ 1 \end{pmatrix}$, $t \in \mathbb{R}$, beträgt $\sqrt{2}$.

5 Gegeben sind die Geraden g und h durch g: $\vec{x} = \begin{pmatrix} 9 \\ 5 \\ -6 \end{pmatrix} + r \begin{pmatrix} 2 \\ 3 \\ 1 \end{pmatrix}$; $r \in \mathbb{R}$

und h: $\vec{x} = \begin{pmatrix} 9 \\ 5 \\ -6 \end{pmatrix} + s \begin{pmatrix} 3 \\ 0 \\ -1 \end{pmatrix}$; $s \in \mathbb{R}$.

Die Ebenen E und F werden beschrieben durch die Gleichungen

E: $2x_1 - 3x_2 + 2x_3 = 2$ und F: $\left(\vec{x} - \begin{pmatrix} 17 \\ 8 \\ 6 \end{pmatrix} \right) \cdot \begin{pmatrix} -2 \\ 5 \\ 1 \end{pmatrix} = 0$.

Berechnen Sie den Winkel zwischen

a) g und h.   **b)** g und E.   **c)** E und F.

6 Die Punkte O(0 | 0 | 0), A(4 | 0 | 0), B(5 | 3 | −2) und
C(−2 | 2 | 4) sind die Eckpunkte einer Pyramide.
Berechnen Sie die Höhe und das Volumen dieser
Pyramide.

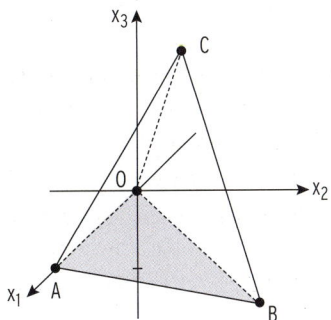

ANHANG

Musteraufgaben für das Abitur

Teil 1 (ohne Hilfsmittel)   Lineare Algebra: Vektorgeometrie

Hinweis: Teil 1 (ohne Hilfsmittel) Aufgabe 3 umfasst 5 bis 8 Punkte.

Beispiel 1   Punkte

3.1 Gegeben ist die Gerade g: $\vec{x} = \begin{pmatrix} 1 \\ 0 \\ 2 \end{pmatrix} + r\begin{pmatrix} 0 \\ 1 \\ 1 \end{pmatrix}$; r ∈ ℝ.   4

Stellen Sie die Gerade g in einem räumlichen Koordinatensystem dar.
Beschreiben Sie die Lage von g im Raum.

3.2 Untersuchen Sie die Lösbarkeit des linearen Gleichungssystems.   3
$$2x_1 + 4x_2 + 3x_3 = 4$$
$$2x_1 + 2x_2 + 3x_3 = 5$$
$$-2x_1 + x_2 - 3x_3 = 2$$

Beispiel 2   Punkte

3.1 Gegeben ist die Ebene E durch E: $\vec{x} = \begin{pmatrix} 3 \\ 0 \\ 0 \end{pmatrix} + u\begin{pmatrix} 1 \\ 0 \\ -5 \end{pmatrix} + v\begin{pmatrix} 0 \\ 1 \\ 2 \end{pmatrix}$; u, v ∈ ℝ.   4

Geben Sie jeweils eine Gleichung einer Geraden an,
• die in der Ebene E liegt.
• die keine gemeinsamen Punkte mit E hat.

3.2 Zeichnen Sie einen Würfel mit der Kantenlänge 4 LE in ein räumliches Koordina-   4
tensystem. Markieren Sie eine Kante und geben Sie eine Gleichung der Geraden
an, auf der diese Kante liegt.

Beispiel 3   Punkte

3.1 Gegeben sind die Punkte A(2 | 1 | 1), B(6 | 4 | 1) und C(3 | 8 | 1).   3
Untersuchen Sie, ob das Dreieck ABC rechtwinklig ist.

3.2 Die Gerade g ist gegeben durch die Gleichung $\vec{x} = \begin{pmatrix} 1 \\ -2 \\ 3 \end{pmatrix} + r\begin{pmatrix} 1 \\ -4 \\ 2 \end{pmatrix}$; r ∈ ℝ.   5

Zeigen Sie: Der Punkt Q(0 | 2 | 1) liegt auf der Geraden g.
Die Punkte R und S liegen auf der Geraden g und haben vom Punkt Q den
Abstand $3\sqrt{21}$. Bestimmen Sie die Koordinaten der Punkte R und S.

Teil 4 (mit Hilfsmittel)   Lineare Algebra: Vektorgeometrie

Hinweis: Teil 4 (mit Hilfsmittel) Aufgabe 1 umfasst 15 Punkte.

Beispiel 1   Punkte

1 Gegeben ist die Ebene E durch $\left(\vec{x} - \begin{pmatrix} 4 \\ 0 \\ 6 \end{pmatrix} \right) \cdot \begin{pmatrix} 3 \\ -3 \\ 1 \end{pmatrix}$

und die Gerade g durch $\vec{x} = \begin{pmatrix} -5 \\ 1 \\ 0 \end{pmatrix} + u \begin{pmatrix} 1 \\ 0 \\ -3 \end{pmatrix}$; $u \in \mathbb{R}$.

1.1 Bestätigen Sie, dass der Punkt P(5 | 3 | 6) nicht auf E liegt.   4
    Bestimmen Sie eine Gleichung der zu E parallelen Ebene durch P.

1.2 Untersuchen Sie, ob g und E parallel zueinander verlaufen.   5
    Bestimmen Sie gegebenenfalls den Abstand von g und E.

1.3 Welcher Punkt auf der Geraden g hat die kleinste Entfernung von B(6 | 4 | 0)?   5

1.4 Ein Punkt P und eine Gerade h legen eine Ebene eindeutig fest.   1
    Welche Bedingung erfüllen P und h?

                                                                          15

Beispiel 2   Punkte

1 Im Anschauungsraum sind die Ebene E und die Gerade g gegeben:

$E: \vec{x} = \begin{pmatrix} 1 \\ 0 \\ 0 \end{pmatrix} + r \begin{pmatrix} 1 \\ 0 \\ -1 \end{pmatrix} + s \begin{pmatrix} 1 \\ -1 \\ 0 \end{pmatrix}$; $r, s \in \mathbb{R}$ $g: \vec{x} = \begin{pmatrix} 2 \\ 1 \\ 1 \end{pmatrix} + m \begin{pmatrix} 1 \\ 1 \\ 1 \end{pmatrix}$; $m \in \mathbb{R}$

1.1 Geben Sie die Ebene E in der Koordinatenform an.   4
    Untersuchen Sie die Ebene E und die Gerade g auf gemeinsame Punkte.

1.2 Ist g orthogonal zu E? Begründen Sie Ihre Antwort.   3

1.3 Die Schnittpunkte der Ebene E mit den Koordinatenachsen sind die Eckpunkte   8
    eines Dreiecks. Die Eckpunkte dieses Dreiecks bilden zusammen mit dem Koordi-
    natenursprung eine Pyramide.
    Stellen Sie die Pyramide in einem Koordinatensystem dar.
    Berechnen Sie das Volumen dieser Pyramide.
    Die Pyramide soll durch einen Schnitt parallel zur $x_1 x_2$-Ebene in zwei Teile mit
    gleichem Volumen zerlegt werden. Bestimmen Sie eine Gleichung einer Schnitt-
    ebene.

                                                                          15

Beispiel 3   Punkte

1 Gegeben sind die Punkte A(2 | 0 | 1), B(−1 | 2 | 1), C(1 | 5 | 4) und D(3 | 0 | 5).

1.1 Untersuchen Sie, ob das Dreieck ABC gleichschenklig ist.   3

1.2 Die Punkte A, B, C und D sind Eckpunkte einer Pyramide.   4
    Zeichnen Sie die Pyramide in ein räumliches Koordinatensystem.
    Beschreiben Sie die besondere Lage der Punkte A und D im Koordinatensystem.

1.3 Die Punkte A, B und C liegen in der Ebene E.   8
    Geben Sie die Koordinatenform von E an.
    Prüfen Sie, ob der Punkt P′(−5,5 | −8 | 14) der Spiegelpunkt von P(6,5 | 10 | −12)
    bezüglich der Ebene E ist.

                                                                          15

Lösungen der Modellierungen und Tests

Modellierung einer Situation, Lehrbuch Seite 9

x_1 ist die Anzahl der Motorboote, x_2 die Anzahl der Elektroboote und x_3 die Anzahl der Tretboote.

Gleichungen:
$$x_1 + x_2 + x_3 = 37$$
$$40x_1 + 30x_2 + 15x_3 = 945$$
$$x_2 = x_3 - 6$$

Zugehörige Matrix:
$$\begin{matrix} x_1 & x_2 & x_3 \end{matrix}$$
$$\left(\begin{array}{ccc|c} 1 & 1 & 1 & 37 \\ 40 & 30 & 15 & 945 \\ 0 & 1 & -1 & -6 \end{array}\right) \sim \left(\begin{array}{ccc|c} 1 & 1 & 1 & 37 \\ 0 & 10 & 25 & 535 \\ 0 & 1 & -1 & -6 \end{array}\right) \sim \left(\begin{array}{ccc|c} 1 & 1 & 1 & 37 \\ 0 & 10 & 25 & 535 \\ 0 & 0 & 35 & 595 \end{array}\right)$$

Auflösung ergibt: $x_1 = 9$; $x_2 = 11$ und $x_3 = 17$. Der Bootsverleiher besitzt 9 Motorboote, 11 Elektroboote und 17 Tretboote.

In der letzten Stunde vor Ausleihschluss sind x_1 Motorboote, x_2 Elektroboote und x_3 Tretboote auf dem See.

Gleichungen:
$$x_1 + x_2 + x_3 = 20$$
$$40x_1 + 30x_2 + 15x_3 = 470$$

Zugehörige Matrix:
$$\begin{matrix} x_1 & x_2 & x_3 \end{matrix}$$
$$\left(\begin{array}{ccc|c} 1 & 1 & 1 & 20 \\ 40 & 30 & 15 & 470 \end{array}\right) \sim \left(\begin{array}{ccc|c} 1 & 1 & 1 & 20 \\ 0 & 10 & 25 & 330 \end{array}\right)$$

Das LGS ist mehrdeutig lösbar. $x_3 = r$; $x_2 = 33 - 2{,}5r$; $x_1 = -13 + 1{,}5r$.
x_3, x_2 und x_1 müssen natürliche Zahlen sein.
$x_2 = 33 - 2{,}5r > 0$ und $x_1 = -13 + 1{,}5r > 0$ für $9 \leq r \leq 13$.
x_2 und x_1 sind natürliche Zahlen für $r = 10$ oder $r = 12$.
Es können 2 oder 5 Motorboote auf dem See sein.

r	10	12
x_1	2	5

Test zur Überprüfung Ihrer Grundkenntnisse, Lehrbuch Seite 27

1 **a)** $\left(\begin{array}{ccc|c} 3 & 2 & -1 & -2 \\ 2 & -3 & 1 & 9 \\ 0 & 4 & 1 & -7 \end{array}\right) \sim \left(\begin{array}{ccc|c} 3 & 2 & -1 & -2 \\ 0 & -13 & 5 & 31 \\ 0 & 0 & 33 & 33 \end{array}\right)$. Das LGS ist eindeutig lösbar. $\vec{x} = \left(\begin{array}{c} 1 \\ -2 \\ 1 \end{array}\right)$

b) $\left(\begin{array}{ccc|c} 2 & 1 & 1 & -2 \\ 0 & 2 & -1 & 0 \\ 4 & 4 & 1 & -4 \end{array}\right) \sim \left(\begin{array}{ccc|c} 2 & 1 & 1 & -2 \\ 0 & 2 & -1 & 0 \\ 0 & 0 & 0 & 0 \end{array}\right)$. Das LGS ist mehrdeutig lösbar. $\vec{x} = \left(\begin{array}{c} -1 - 0{,}75r \\ 0{,}5r \\ r \end{array}\right)$; $r \in \mathbb{R}$

c) $\left(\begin{array}{ccc|c} 1 & 2 & 0 & -3 \\ 1 & 3 & 4 & -2 \\ 0 & 1 & 4 & 5 \end{array}\right) \sim \left(\begin{array}{ccc|c} 1 & 2 & 0 & -3 \\ 0 & 1 & 4 & 1 \\ 0 & 0 & 0 & 4 \end{array}\right)$. Das LGS ist unlösbar.

2 $\begin{pmatrix} 1 & 4 & 1 & | & 10 \\ 1 & 2 & 1 & | & 8 \\ 1 & 1 & 1 & | & 7 \end{pmatrix} \sim \begin{pmatrix} 1 & 4 & 1 & | & 10 \\ 0 & 2 & 0 & | & 2 \\ 0 & 3 & 0 & | & 3 \end{pmatrix} \sim \begin{pmatrix} 1 & 4 & 1 & | & 10 \\ 0 & 2 & 0 & | & 2 \\ 0 & 0 & 0 & | & 0 \end{pmatrix}.$

Das LGS ist mehrdeutig lösbar.

Hinweis: Lösungsvektor: $\vec{x} = \begin{pmatrix} 6-r \\ 1 \\ r \end{pmatrix}$; $r \in \mathbb{R}$

3 a) $\begin{pmatrix} 1 & 8 & | & -1 \\ 1 & 2 & | & 2 \\ 2 & 6 & | & 3 \end{pmatrix} \sim \begin{pmatrix} 1 & 8 & | & -1 \\ 0 & 6 & | & -3 \\ 0 & -10 & | & 5 \end{pmatrix} \sim \begin{pmatrix} 1 & 8 & | & -1 \\ 0 & 6 & | & -3 \\ 0 & 0 & | & 0 \end{pmatrix}$

Das LGS ist eindeutig lösbar. Lösungsvektor: $\vec{x} = \begin{pmatrix} 3 \\ -0{,}5 \end{pmatrix}$

b) $\begin{pmatrix} 2 & 3 & -5 & | & -1 \\ -1 & -1 & 3 & | & 1 \end{pmatrix} \sim \begin{pmatrix} 2 & 3 & -5 & | & -1 \\ 0 & 1 & 1 & | & 1 \end{pmatrix}$

Das LGS ist mehrdeutig lösbar. Lösungsvektor: $\vec{x} = \begin{pmatrix} -2+4r \\ 1-r \\ r \end{pmatrix}$; $r \in \mathbb{R}$

4 $x_3 = 0$ einsetzen: $\begin{pmatrix} 2 & 1 & | & 3 \\ 1 & -1 & | & 3 \\ 4 & 3 & | & 5 \end{pmatrix} \sim \begin{pmatrix} 2 & 1 & | & 3 \\ 0 & 3 & | & -3 \\ 0 & 1 & | & -1 \end{pmatrix} \sim \begin{pmatrix} 2 & 1 & | & 3 \\ 0 & 3 & | & -3 \\ 0 & 0 & | & 0 \end{pmatrix}$. $x_2 = -1$; $x_1 = 2$

Lösungsvektor mit $x_3 = 0$: $\vec{x} = \begin{pmatrix} 2 \\ -1 \\ 0 \end{pmatrix}$

5 x_1 ist der Preis für ein Gebinde M, x_2 für ein Gebinde S und x_3 für ein Gebinde C.

LGS: $\begin{pmatrix} 2 & 4 & 5 & | & 80 \\ 3 & 2 & 6 & | & 75 \\ 2 & 5 & 5 & | & 89 \end{pmatrix} \sim \begin{pmatrix} 2 & 4 & 5 & | & 80 \\ 0 & -8 & -3 & | & -90 \\ 0 & 1 & 0 & | & 9 \end{pmatrix}$. $x_1 = 7$; $x_2 = 9$; $x_3 = 6$

1 Gebinde M kostet 7 €, 1 Gebinde S kostet 9 € und 1 Gebinde C kostet 6 €.
Gewinn: $7 \cdot 0{,}2 \cdot 7\ € + 11 \cdot 0{,}3 \cdot 9\ € + 16 \cdot 0{,}25 \cdot 6\ € = 63{,}50\ €$

Modellierung einer Situation, Lehrbuch Seite 28

a) Punkte: A(0 | 8 | 0), B(0 | 0 | 0), C(6 | 0 | 0), D(4 | 6 | 0)
Eckpunkte des Daches: A*(0 | 8 | 4), B*(0 | 0 | 2), C*(6 | 0 | 3)

Ebenengleichung in Parameterform: $\vec{x} = \begin{pmatrix} 0 \\ 0 \\ 2 \end{pmatrix} + r\begin{pmatrix} 0 \\ 8 \\ 2 \end{pmatrix} + s\begin{pmatrix} 6 \\ 0 \\ 1 \end{pmatrix}$; $r, s \in \mathbb{R}$

$\vec{n} = \vec{u} \times \vec{v} = \begin{pmatrix} 0 \\ 8 \\ 2 \end{pmatrix} \times \begin{pmatrix} 6 \\ 0 \\ 1 \end{pmatrix} = \begin{pmatrix} 8 \\ 12 \\ -48 \end{pmatrix}$ bzw. $\vec{n_1} = \begin{pmatrix} 2 \\ 3 \\ -12 \end{pmatrix}$

Ebenengleichung in Koordinatenform: $2x_1 + 3x_2 - 12x_3 + 24 = 0$
Eckpunkt D*(4 | 6 | z) (senkrecht über D): $2 \cdot 4 + 3 \cdot 6 - 12z + 24 = 0 \Leftrightarrow z = 4{,}17$
Die Ecke über D befindet sich in einer Höhe von ungefähr 4,17 m.

b) Winkel zwischen zwei Ebenen: $\cos(\alpha) = \dfrac{|\vec{n_1} \cdot \vec{n_2}|}{|\vec{n_1}| \cdot |\vec{n_2}|}$ mit $\vec{n_1} = \begin{pmatrix} 2 \\ 3 \\ -12 \end{pmatrix}$, $\vec{n_2} = \begin{pmatrix} 0 \\ 0 \\ 1 \end{pmatrix}$

$\cos(\alpha) = \dfrac{|-12|}{\sqrt{157} \cdot \sqrt{1}} = 0{,}9577$

$\alpha = 16{,}7°$

Die Bedingung ist erfüllt.

c) $C^*(6 \mid 0 \mid 3)$, $A^*(0 \mid 8 \mid 4)$, $\overrightarrow{C^*A^*} = \begin{pmatrix} -6 \\ 8 \\ 1 \end{pmatrix}$, $\left|\overrightarrow{C^*A^*}\right| = \sqrt{101} = 10{,}05$

Der Balken s ist ca. 10,05 m lang.

Abstand des Punktes D* von der Geraden g = (C*A*)

$g: \vec{x} = \begin{pmatrix} 6 \\ 0 \\ 3 \end{pmatrix} + r \begin{pmatrix} -6 \\ 8 \\ 1 \end{pmatrix} = \begin{pmatrix} 6-6r \\ 8r \\ 3+r \end{pmatrix}$

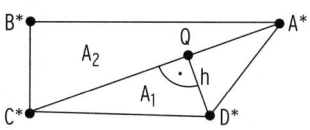

Punkt Q liegt auf g.

$\overrightarrow{D^*Q} = \begin{pmatrix} 6-6r \\ 8r \\ 3+r \end{pmatrix} - \begin{pmatrix} 4 \\ 6 \\ 4{,}17 \end{pmatrix} = \begin{pmatrix} 2-6r \\ -6+8r \\ -1{,}17+r \end{pmatrix}$

Senkrecht stehen: $\overrightarrow{D^*Q} \cdot \vec{u} = 0$

$\begin{pmatrix} 2-6r \\ -6+8r \\ -1{,}17+r \end{pmatrix} \cdot \begin{pmatrix} -6 \\ 8 \\ 1 \end{pmatrix} = 0 \Leftrightarrow 101r = 61{,}17$

$r = 0{,}61$

Für r = 0,61:

$\overrightarrow{D^*Q} = \begin{pmatrix} -1{,}66 \\ -1{,}12 \\ -0{,}56 \end{pmatrix}$; $\left|\overrightarrow{D^*Q}\right| = 2{,}08$

Der Querbalken muss 2,08 m lang sein.

d) Das Dach setzt sich aus zwei Dreiecken zusammen.

$A_1 = \frac{1}{2} \cdot \left|\overrightarrow{C^*A^*}\right| \cdot \left|\overrightarrow{D^*Q}\right| = \frac{1}{2} \cdot 10{,}05 \cdot 2{,}08 = 10{,}45$

$A_2 = \frac{1}{2} \cdot \left|\overrightarrow{B^*C^*} \times \overrightarrow{B^*A^*}\right| = \frac{1}{2} \cdot \left|\begin{pmatrix} 6 \\ 0 \\ 1 \end{pmatrix} \times \begin{pmatrix} 0 \\ 8 \\ 2 \end{pmatrix}\right|$

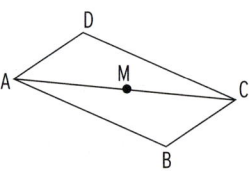

$A_2 = \frac{1}{2} \cdot \left|\begin{pmatrix} -8 \\ -12 \\ 48 \end{pmatrix}\right| = \frac{1}{2} \cdot \sqrt{2512} = 25{,}06$

$A_{Dach} = A_1 + A_2 = 35{,}51$

Es werden ca. 35,5 m² Folie benötigt.

Test zur Überprüfung Ihrer Grundkenntnisse, Lehrbuch Seite 68

1 a) $\overrightarrow{AB} = \begin{pmatrix} 2 \\ 3 \\ -1 \end{pmatrix}$, $\overrightarrow{DC} = \begin{pmatrix} 2 \\ 3 \\ -1 \end{pmatrix}$

$\overrightarrow{AB} = \overrightarrow{DC}$. Das Viereck ABCD ist ein Parallelogramm.

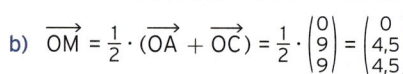

   b) $\overrightarrow{OM} = \frac{1}{2} \cdot (\overrightarrow{OA} + \overrightarrow{OC}) = \frac{1}{2} \begin{pmatrix} 0 \\ 9 \\ 9 \end{pmatrix} = \begin{pmatrix} 0 \\ 4{,}5 \\ 4{,}5 \end{pmatrix}$

M(0 | 4,5 | 4,5)

Länge der Strecke AC: $|\overrightarrow{AC}| = \left|\begin{pmatrix} -2 \\ 5 \\ 1 \end{pmatrix}\right| = \sqrt{30}$

2 a) $\vec{a} + 3\vec{b} - 2\vec{c} = \begin{pmatrix} 1 \\ 1 \\ 8 \end{pmatrix}$ b) $\vec{a} \cdot \vec{b} = -8$

   c) $\vec{b} \times \vec{a} = \begin{pmatrix} 8 \\ 12 \\ -1 \end{pmatrix}$ d) $(\vec{a} \times \vec{b}) \cdot \vec{c} = \begin{pmatrix} -8 \\ -12 \\ 1 \end{pmatrix} \cdot \begin{pmatrix} -4 \\ 2 \\ -2 \end{pmatrix} = 6$

3 a) $\vec{u} \cdot \vec{v} = 0$. Die Vektoren $\vec{u}$ und $\vec{v}$ stehen senkrecht aufeinander.
   b) $\vec{u} \cdot \vec{v} = 0$. Die Vektoren $\vec{u}$ und $\vec{v}$ stehen senkrecht aufeinander.
   c) $\vec{u} \cdot \vec{v} = 3$. Die Vektoren $\vec{u}$ und $\vec{v}$ stehen nicht senkrecht aufeinander.

4 $\vec{n} = \vec{a} \times \vec{b} = \begin{pmatrix} -5 \\ 19 \\ 13 \end{pmatrix}$

5 $g: \vec{x} = \overrightarrow{OA} + r\overrightarrow{AB}$ $\qquad\qquad\qquad$ $g: \vec{x} = \begin{pmatrix} -2 \\ 4 \\ 5 \end{pmatrix} + r\begin{pmatrix} 6 \\ 2 \\ 2 \end{pmatrix}; r \in \mathbb{R}$

    a) Der Punkt C liegt zwischen A und B, wenn $0 < r < 1$.

        Punktprobe mit C(1 | 5 | 6): $\qquad\qquad$ $\begin{pmatrix} 1 \\ 5 \\ 6 \end{pmatrix} = \begin{pmatrix} -2 \\ 4 \\ 5 \end{pmatrix} + r\begin{pmatrix} 6 \\ 2 \\ 2 \end{pmatrix} \Leftrightarrow r = 0,5$

        Der Punkt C liegt zwischen A und B.

    b) g geschnitten mit der x_1x_2-Ebene

        Bedingung: $x_3 = 0$ $\qquad\qquad\qquad$ $0 = 5 + 2r \Leftrightarrow r = -2,5$

        Spurpunkt S_{12}: $\qquad\qquad\qquad\qquad$ $S_{12}(-17 \mid -1 \mid 0)$

6 $g: \vec{x} = \begin{pmatrix} 1 \\ -2 \\ 1 \end{pmatrix} + r\begin{pmatrix} -2 \\ 1 \\ 1 \end{pmatrix}; r \in \mathbb{R}$ $\qquad$ $h: \vec{x} = \begin{pmatrix} 2 \\ 0 \\ 3 \end{pmatrix} + s\begin{pmatrix} -5 \\ 2 \\ -2 \end{pmatrix}; s \in \mathbb{R}$

    Die Richungsvektoren von g und h sind linear unabhängig. g und h sind nicht parallel.

    Untersuchung auf Schnittpunkte: $\qquad$ $\left(\begin{array}{rr|r} -2 & 5 & 1 \\ 1 & -2 & 2 \\ 1 & 2 & 2 \end{array}\right) \sim \left(\begin{array}{rr|r} -2 & 5 & 1 \\ 0 & 1 & 5 \\ 0 & 0 & -40 \end{array}\right)$

    Das LGS ist unlösbar. g und h schneiden sich nicht. g und h sind windschief.

7 Die Länge d der Strecke des Schattenpunktes ist die Länge des Richtungsvektors (t = 1).

    $d = |\overrightarrow{AB}| = \left\| \begin{pmatrix} -5 \\ 1,5 \\ 0 \end{pmatrix} \right\| = \sqrt{27,25} = 5,22$

    In dieser Stunde legt der Schattenpunkt 5,22 m zurück.

Test zur Überprüfung Ihrer Grundkenntnisse, Lehrbuch Seite 98

1   a) Parameterform von E: $\qquad\qquad$ $\vec{x} = \begin{pmatrix} -1 \\ 1 \\ 0 \end{pmatrix} + r\begin{pmatrix} -1 \\ 2 \\ 4 \end{pmatrix} + s\begin{pmatrix} -1 \\ -1 \\ 3 \end{pmatrix}; r, s \in \mathbb{R}$

    b) Koordinatenform von E: $\qquad\qquad$ $10x_1 - x_2 + 3x_3 = -11$

        Punktprobe mit D(-2 | 6 | 5): $\qquad$ $10 \cdot (-2) - 6 + 3 \cdot 5 = -11 \Leftrightarrow -11 = -11$ w. A.

        Der Punkt D liegt auf E.

2   a) $E: 2x_1 + x_2 + 3x_3 = 3$ $\qquad\qquad$ b) $E: 5x_1 + x_2 - 3x_3 = -9$

    c) $E: 7x_1 + 4x_2 + 3x_3 = 9$ $\qquad\qquad$ d) $E: -2x_1 + x_2 - 4x_3 = -13$

3   Spurpunkte: $S_1(2 \mid 0 \mid 0)$, $S_3(0 \mid 0 \mid 4)$

    E hat keinen Schnittpunkt mit der x_2-Achse. E ist parallel zur x_2-Achse.

    Spurgerade s_{13} durch S_1 und S_3: $\qquad$ $\vec{x} = \begin{pmatrix} 2 \\ 0 \\ 0 \end{pmatrix} + r\begin{pmatrix} -2 \\ 0 \\ 4 \end{pmatrix}; r \in \mathbb{R}$

4   a) g schneidet E in einem Punkt (t = -2).

        $\begin{pmatrix} -1 \\ 1 \\ 1 \end{pmatrix} \cdot \begin{pmatrix} 2 \\ 1 \\ 1 \end{pmatrix} = 0$ und $\begin{pmatrix} -1 \\ 1 \\ 1 \end{pmatrix} \cdot \begin{pmatrix} 1 \\ 0 \\ 1 \end{pmatrix} = 0$ $\qquad\qquad$ g schneidet E senkrecht.

b) $\vec{n} \cdot \vec{u} = \begin{pmatrix} 2 \\ 1 \\ -1 \end{pmatrix} \cdot \begin{pmatrix} 3 \\ -4 \\ 2 \end{pmatrix} = 0$ und $P(2 \mid 0 \mid 1) \notin E$

g ist echt parallel zu E. Die Gerade g schneidet E nicht.

5 a) E und F schneiden sich in einer Geraden. Schnittgerade: $\vec{x} = \begin{pmatrix} -1 \\ -1 \\ 0 \end{pmatrix} + r \begin{pmatrix} 1 \\ 1 \\ 1 \end{pmatrix}$; $r \in \mathbb{R}$

b) $E: 2x_1 - 3x_2 + x_3 = 5$ 　　　　　　　E und F sind echt parallel.

6 $\vec{n} = \begin{pmatrix} -2 \\ 1 \\ -3 \end{pmatrix} = \vec{u}$ 　　　　　　　$g: \vec{x} = \begin{pmatrix} -3 \\ 6 \\ 4 \end{pmatrix} + r \begin{pmatrix} -2 \\ 1 \\ -3 \end{pmatrix}$; $r \in \mathbb{R}$

Test zur Überprüfung Ihrer Grundkenntnisse, Lehrbuch Seite 117

1 a) $d = |\overrightarrow{AB}| = \left\| \begin{pmatrix} 1 \\ 1 \\ 3 \end{pmatrix} \right\| = \sqrt{11}$ 　　　　　　　b) $d = |\overrightarrow{AB}| = \left\| \begin{pmatrix} 4 \\ 1 \\ 0 \end{pmatrix} \right\| = \sqrt{17}$

2 a) $\vec{n} = \begin{pmatrix} 1 \\ -3 \\ 0 \end{pmatrix}$; $|\vec{n}| = \sqrt{10}$; $\vec{a} = \begin{pmatrix} 1 \\ 2 \\ -1 \end{pmatrix}$; $\vec{p} = \begin{pmatrix} 6 \\ 0 \\ 0 \end{pmatrix}$ 　　$d = \left| \dfrac{(\vec{a} - \vec{p}) \cdot \vec{n}}{|\vec{n}|} \right| = \dfrac{|-11|}{\sqrt{10}} = 3,48$

b) $\vec{n} = \begin{pmatrix} -2 \\ -1 \\ 1 \end{pmatrix}$; $|\vec{n}| = \sqrt{6}$; $\vec{a} = \begin{pmatrix} 1 \\ 3 \\ -2 \end{pmatrix}$; $\vec{p} = \begin{pmatrix} 3 \\ 0 \\ 1 \end{pmatrix}$ 　　$d = \dfrac{|-2|}{\sqrt{6}} = 0,82$

3 a) $\vec{n} = \begin{pmatrix} 1 \\ -3 \\ 1 \end{pmatrix}$; $|\vec{n}| = \sqrt{11}$; $\vec{a} = \begin{pmatrix} 1 \\ 0 \\ 0 \end{pmatrix}$; $\vec{p} = \begin{pmatrix} 3 \\ 0 \\ 0 \end{pmatrix}$ 　　$d = \dfrac{|-2|}{\sqrt{11}} = 0,60$

b) $\vec{n} = \begin{pmatrix} 1 \\ 1 \\ 1 \end{pmatrix}$; $|\vec{n}| = \sqrt{3}$; $\vec{a} = \begin{pmatrix} 0 \\ 0 \\ 0 \end{pmatrix}$; $\vec{p} = \begin{pmatrix} 1 \\ 0 \\ 0 \end{pmatrix}$ 　　$d = \dfrac{|-1|}{\sqrt{3}} = 0,58$

4 $\overrightarrow{OQ} = \begin{pmatrix} 1 \\ 2 \\ 1 \end{pmatrix} + t \begin{pmatrix} -2 \\ 1 \\ 1 \end{pmatrix} = \begin{pmatrix} 1 - 2t \\ 2 + t \\ 1 + t \end{pmatrix}$; $\overrightarrow{PQ} = \begin{pmatrix} -2 - 2t \\ 2 + t \\ t \end{pmatrix}$ 　　$\begin{pmatrix} -2 - 2t \\ 2 + t \\ t \end{pmatrix} \cdot \begin{pmatrix} -2 \\ 1 \\ 1 \end{pmatrix} = 0$ für $t = -1$

Für $t = -1$: $d = |\overrightarrow{PQ}| = \left\| \begin{pmatrix} 0 \\ 1 \\ -1 \end{pmatrix} \right\| = \sqrt{2}$

5 a) $\vec{u} = \begin{pmatrix} 2 \\ 3 \\ 1 \end{pmatrix}$; $\vec{v} = \begin{pmatrix} 3 \\ 0 \\ -1 \end{pmatrix}$ 　　　$\cos(\alpha) = \dfrac{|\vec{u} \cdot \vec{v}|}{|\vec{u}| \cdot |\vec{v}|} = \dfrac{5}{\sqrt{14} \cdot \sqrt{10}}$ 　　　$\alpha = 65,0°$

b) $\vec{u} = \begin{pmatrix} 2 \\ 3 \\ 1 \end{pmatrix}$; $\vec{n} = \begin{pmatrix} 2 \\ -3 \\ 2 \end{pmatrix}$ 　　$\sin(\alpha) = \dfrac{|\vec{u} \cdot \vec{n}|}{|\vec{u}| \cdot |\vec{n}|} = \dfrac{|-3|}{\sqrt{14} \cdot \sqrt{17}}$ 　　　$\alpha = 11,2°$

c) $\vec{n_1} = \begin{pmatrix} 2 \\ -3 \\ 2 \end{pmatrix}$; $\vec{n_2} = \begin{pmatrix} -2 \\ 5 \\ 1 \end{pmatrix}$ 　$\cos(\alpha) = \dfrac{|\vec{n_1} \cdot \vec{n_2}|}{|\vec{n_1}| \cdot |\vec{n_2}|} = \dfrac{|-17|}{\sqrt{17} \cdot \sqrt{30}}$ 　　$\alpha = 41,2°$

6 $\overrightarrow{OA} = \begin{pmatrix} 4 \\ 0 \\ 0 \end{pmatrix}$; $\overrightarrow{OB} = \begin{pmatrix} 5 \\ 3 \\ -2 \end{pmatrix}$; $\vec{n} = \overrightarrow{OA} \times \overrightarrow{OB} = \begin{pmatrix} 0 \\ 8 \\ 12 \end{pmatrix}$; $\vec{c} = \overrightarrow{OC} = \begin{pmatrix} -2 \\ 2 \\ 4 \end{pmatrix}$

Höhe der Pyramide: 　　　　　　$h = \left| \dfrac{(\vec{c} - \vec{o}) \cdot \vec{n}}{|\vec{n}|} \right| = \left| \dfrac{\vec{c} \cdot \vec{n}}{|\vec{n}|} \right| = \dfrac{64}{\sqrt{208}}$

Grundflächeninhalt der Pyramide: 　　$G = \frac{1}{2} \cdot |\overrightarrow{OA} \times \overrightarrow{OB}| = \frac{1}{2} \cdot \sqrt{208}$

Volumeninhalt der Pyramide: 　　　$V = \frac{1}{3} \cdot G \cdot h = \dfrac{64}{6} = \dfrac{32}{3}$

Stichwortverzeichnis

Abbildungsverzeichnis

3 Picture-Factory – Fotolia.com • **3** frhuynh – Fotolia.com • **9** www.colourbox.de • **10** www.colourbox.com • **15** www.colourbox.de • **17** www.colourbox.de • **23** Roxama – www.colourbox.de • **25** Knud Erik Christensen – www.colourbox.de • **25** ikonacolor – Fotolia.com • **26** www.colourbox.de • **28** rdnzl – Fotolia.com • **31** Magda Fischer – Fotolia.com • **32** h.fila – adpic.de • **41** Copyright, NYTECH Corp, 03 • **51** www.colourbox.de • **58** AigarsR – www.colourbox.de • **65** Kudrin Ruslan – www.colourbox.de • **66** Otto Durst – Fotolia.com • **67** KonArt – www.colourbox.de • **67** Dennis Jacobsen – www.colourbox.de • **68** www.colourbox.de • **84** www.colourbox.de • **99** www.colourbox.de • **100** www.colourbox.de • **105** Christa Eder – Fotolia.com • **107** studiodg – www.colourbox.de • **112** www.colourbox.de

Es war leider nicht möglich, alle Rechteinhaber ausfindig zu machen.
Berechtigte Ansprüche werden selbstverständlich nach den üblichen Konditionen abgegolten.

Nicht aufgeführte Abbildungen wurden vom Autor erstellt.